果树伴随生长
整形修剪法

高洪岐 著

大连出版社

图书在版编目(CIP)数据

果树伴随生长整形修剪法/高洪岐著.—大连:大连出版社,2010.1(2011.11 重印)
ISBN 978-7-80684-823-4

Ⅰ.果… Ⅱ.高… Ⅲ.果树园艺—修剪 Ⅳ.S660.5

中国版本图书馆 CIP 数据核字(2009)第 207590 号

出 版 人:刘明辉
策划编辑:宋 军
责任编辑:宋 军
封面设计:林 洋
责任校对:金 琦
责任印制:徐丽红

出版发行者:大连出版社
地址:大连市西岗区长白街 12 号
邮编:116011
电话:0411-83620401 / 83620941
传真:0411-83610391
http://www.dlmpm.com
E-mail:yl@dlmpm.com
印 刷 者:大连图腾彩色印刷有限公司
经 销 者:各地新华书店

幅面尺寸:140 mm×203 mm
印 张:6.5
字 数:156 千字
出版时间:2010 年 1 月第 1 版
印刷时间:2011 年 11 月第 5 次印刷
书 号:ISBN 978-7-80684-823-4
定 价:20.00 元

序

我国年产水果1亿吨以上,是世界水果生产大国,许多树种的产量名列前茅。近年来经过产区、树种、品种调整,栽培面积、产量基本稳定,质量有所提高,价格回升,出口增加,在国民经济中占有重要地位。我国虽是生产大国,但还不是强国,表现在果树结果晚、单位面积产量低,市场竞争力差,优质果率和出口率与先进水果生产国还有较大差距。究其原因,主要是与综合管理没跟上,许多先进科技成果没用上有关。在水果生产中,有四大管理:土肥水管理,病虫害防治,整形修剪,花果管理。其中,整形修剪是综合管理中一项重要技术措施,一直是受到重视并有较大争论。随着生产的发展,整形修剪也在发生重大变化,由于传统习惯势力的影响,总有许多人不愿接受新事物,而滥用传统落后的整形修剪技术,给生产带来麻烦,也影响着经济效益的提高。

本书作者是一位常年深入生产第一线的果树科技工作者,在推广中创新,在普及中提高,充分体察民情,熟悉生产问题。在全国、辽宁省重点水果大县——绥中县,改革传统的整形修剪技术,吸取国内外先进经验与成果,创造性地提出"果树伴随生长整形修剪法"的系统技术。正如书中高度概括的"长放不截,处理竞争,早开基角,看住余梢"。即在伴随一年中果树的生长,适时进行各项修剪与整形工作,如果生长季里各项技术真正落实到位,冬季修剪就省事多了。也即把传统重视或进行冬剪的作法,完全改正过来,省工、效果好,这是对传统技术的改革。用这种新的整形修剪方法,在梨的示范园已取得的国内领先技术成果,我曾参加过鉴定。我觉得，高洪岐是一位在平凡的生产中有所创新的、有所成就的果树专家，他所提出的系列技术适于当前果树生产实际，也易为广大果农所掌握，在生产上发挥越来越大的作用，这一点，难能可贵。

本书稿，我初读过后，受益匪浅。他用基层果树工作者的语言，描述了生产上出现的问题，提出了经济、实用的解决办法，完全没有教科书那种呆板的文字和语气，活生生地展现出新思想、新技术的魅力。

在本书即将出版之际，很高兴为书作序，并预示在水果生产上，《果树伴随生长整形修剪法》能像浪漫的山花开遍果区大地，发挥影响，产生效益。

特此祝贺！

汪景彦
中国农业科学院果树研究所研究员
2008 年 8 月 28 日

前　言

栽培果树,最主要的一项技术措施是整形修剪。因为,果树是多年生、多分枝、多器官的植物,在它生长发育的不同时期,会经常出现生长与结果不协调问题。诸如树形混乱,只生长结果少或不结果,果实质量差等等。因此,需要通过人为整形修剪来进行调节。通过修剪,增强通风透光,让果树按照人的意愿(树形)去生长,促使果树早结果,提高产量和保证果实质量,延长经济结果寿命。

果树的整形修剪,具有很强的技术性。作为生产第一线的果树栽培者(农民),只有学会并掌握包括修剪在内的全部果树栽培技术,才能获得栽培果树应有的效益。

在农业(果树)生产所需技术方面,通常实行的是政府承担指导和推广责任。也就是说,由各级(省市县乡)政府设置专门机构,向农民提供技术指导。以县级(农业技术推广中心或站)为主导,以乡级农业技术推广站为主体,以村、组技术员和示范户为具体的传媒,将技术特别是新技术传授给果农。这种方式称作"县乡村组四级技术推广网"。长期以来,通过这种网络(体系)向农民推广技术,获得了良好效果。

果树需要整形和修剪,早已人所共知。但在生产实际中,真正掌握整形和修剪技术的果农并不多。现在果农结构是"老、弱、病、残、妇",年轻人到城里打工,所以懂行会做的人越来越少,导致当前生产上果树树形混乱,问题很多。这是因为:其一,随着社会进步和生产发展,果树整形和修剪的技术也在发展变化且变化很快;其二,人在成长并不断更新换代;其三,农民获取技术信息的主渠道不够畅通。这样一来，技术应用和新技术推广与指导就会出现问题,甚至荒疏。

本人自1981年起至今，近30年间一直在县级技术推广部门从事果树技术推广工作,经常深入果园,开展技术指导活动。鉴于目前技术推广主渠道不够畅通的现状，出书是向农民传授技术的一种方式。“写给果农看”,是作者的本意。

本书书名“果树伴随生长整形修剪法”,称“法”而不称技术,就是因为该书宗旨是传授指导果农果树整形修剪的具体的操作方法,属于对已有技术的推广应用。专家们所作理论性、技术性的果树专业书籍已有很多很多。如中国当代果树栽培专家更是果树修剪专家、中国果树研究所研究员汪景彦先生,一人就著有60余部著作,其中修剪专著14部。当然,本书也是对专家们所创技术的传播,这是作为技术推广人员的职责。

本书以实图(照片)的方式来阐释其中的主要内容,是因为农民大都限于文化水平有限和繁忙的劳作,不习惯于看书,尤其是较深奥的文字书,而实图一看就明白。这是有别于一般书籍之处。

本书是以源于生产实践“方法”的总结,反过来再指导生产为思路;以图文并茂的形式,阐述果树整形与修剪的方式方法。其突出特点是:新树形,新方法,特实用,易操作。

本书承蒙著名果树专家汪景彦先生字斟句酌地审稿并作序,在此表示诚挚的谢意!

该书中所阐述的某些观点与看法,只属于作者本人之愚见。旨在为果树生产者提供参考,与同行进行商榷。

高洪岐

2009年10月

目 录

第一章 概 述

一 整形修剪发展史

梨原产中国，栽培历史最为悠久。然而，在历史上，梨树基本是不搞整形和修剪的，任其自由生长，最多是“清树膛，打干枝”。树形形成了多主枝自然半圆形，表现为树干高、树体高大。直到中华人民共和国成立以后，人们才逐渐重视对梨树的整形与修剪。在生产上，经历了树体改造、整形与细致修剪、树形与修剪方法变革三个时期。

树体改造，就是20世纪50年代末60年代初，对原有未经整形和修剪的成龄梨树进行修剪改造，主要是疏除过多的主枝和多余无用的枝及回缩外围枝。整形与细致修剪，就是对新栽的梨树要求人为作形，基本是采取疏散分层形；细致修剪就是对经过树体改造后的梨树采取培养新的主侧枝头，利用徒长枝培养新枝组，利用主枝基部的枝组填补内膛，更新复壮枝组等措施。在细致修剪基础上，又开展了调整大小年修剪，在枝组、小枝以及花芽上做修剪细致的文章；同时注重调节光照。

1985~1987年，呈现出历史上发展果树栽培最大的浪潮。同时，以密植、早结果、早丰产为发展趋势。这就需要变革传统的栽植方式和树形及整形修剪方式方法。之前，梨树栽植株行距基本是7米×8米，树体高大。而此期提倡并推广3~5米×4~6米，有的密植达到 2 米×3 米。树形因其地区和株行距的不同，而多种多样，如圆柱形、开心形、丛状形、纺锤形、细纺锤形以及从这些树形演变成的其他树形；以纺锤形为常见。

在我国，苹果经济栽培历史较短。约起始于 1870 年前后，先是由美国传入烟台，继之青岛、辽南、成都、昆明等地先后从日德美法苏等国引入不少品种。然而，因战乱等原因，近百年间苹果栽培的发展极为缓慢。直到 1955 年以后，苹果栽培才在全国各地逐步发展起来。

与梨树不同，苹果树一开始栽培就进行整形修剪，并伴随苹果栽培的发展而发展变化。初期，苹果栽培的方式是稀植大树，栽植株行距 7 米×8 米；20 世纪 70 年代推广密植栽培，株行距 3 米×4米，矮化砧树 2 米×3 米；80 年代初又提出 4 米~5 米×6 米~7 米，1985 年以后普遍推行 3 米×5 米。

苹果及其栽培技术因大部分（辽宁）从日本引入，初期树形也与日本一样采用杯状形。这是由于日本潮湿光照少的气候特点决定的。但中国气候与其有别，由于日照较多，容易发生枝干日烧。因此，中国苹果树整形便留出中央领导干，形成了圆锥形。但因其生长枝条密闭，产量较低，遂又改成半圆锥形。圆锥形主枝分布有十字形、多主枝十字形、四大主枝十字形。还有的在整形上造成五大杈树形、开心形等。

中华人民共和国成立以后，随着苹果栽培的快速发展，整形修剪技术也随之发展。辽宁省最早总结实践经验，提出“基部三主枝邻近半圆形”，之后山东省提出“主干疏层形”，河北省提出“疏散分层形”；此外有的地区提出“主干疏层延迟开心形”等等。这些树形虽然名称不同，但树形结构的内容实质基本是一样的，因此果树学术界统称其为“疏散分层形”。后来，辽南的张金厚（全国果树劳动模范）在基部三主枝邻近半圆形基础上，创造出适合于较密植栽培的“基部三主枝邻接(或邻近)小弯曲半圆形”树形。这个树形,除了具备疏散分层形的优点:低干、矮冠,主侧枝角度开张,骨干枝数少而牢固,枝组较多而健壮紧凑,层间距离大,有利通风透光等外,中心干小弯曲上升,更有利于控制树势(顶端优势)上强的表现。不仅成形快,落头后更能充分利用上光照入树冠内膛;而且树冠较小,内膛不空,产量高,果实质量好。

这类树形的树体结构:基部有主干,树中有中央领导干(简称中心干),中心干上分布两到三层共6~7个主枝,主枝上分生侧枝,侧枝上还有副侧枝;在侧枝或副侧枝上分布大中小结果枝组。主枝交错伸向四方,整个树冠呈半圆形,树体较高大。适于稀植栽培。这类树形持续采用30余年。

1985年以后,由于苹果树栽植密度普遍在每亩33株以上即株行距小于4米×6米,树形改用自由纺锤形和细纺锤形。其树体结构:有主干,有中心干,中心干上每隔相当距离留一个主枝,全树有主枝10~15个,交错伸向四方,主枝上不分生侧枝而是直接着生结果枝或枝组。这种树形应用广泛而且已超20年。

在修剪时期和方式方法上,随着时代的不同,也有着重大变化。

在修剪时期上,直到1985年以前的很长时期,虽然也有夏季修剪的说法,但实际生产中基本上都是在果树休眠期即冬季进行修剪。在早期,有人曾提出“一把剪子定乾坤”。也就是说,一年之中只是在冬季,对果树进行一次性的修剪。修剪所采取的方法就是短截、疏枝、回缩、甩放。由于果园管理水平和果树树况(生长势)的不同,树龄与品种的不同等因素,什么样的枝是截是疏还是放,什么样的枝在哪个部位截,即所谓的轻中重截,就都需要做具体研究和斟酌。于是果树修剪的技术性就显得特别强乃至神秘,以致曾一度成为学术争论的热点。因为一次性的冬季修剪将决定着来年结果

(产量)的多少。

然而,一些修剪方法是有副作用的,尤其是运用不当(是疏是放是截及轻重程度)时。如短截后发枝的多少与强弱,甩放枝发芽的多少,疏去一个背上枝,剪口下又新发出多个直立徒长枝等等。为此,人们便逐渐重视起生长期间即所谓的夏季修剪。夏季修剪的方法很多:目伤、刻芽、环割、环剥、花前复剪、拉枝、抹芽、疏梢、摘心、剪梢、拧梢、扭梢、扭枝、拿枝、弯枝、圈枝等。同理,夏季修剪的方法搞得不当也有一定的副作用。

二 整形修剪现状与问题

目前，苹果和梨等果树所采用的树形，较为普遍的是“纺锤形”,包括演化的“自由纺锤形”“细长纺锤形”“改良纺锤形”及“小冠疏层形”等。这种树形在主枝上虽然不再留侧枝,但在生产实际中,主枝数目留得过多,主干较低,树体上下主枝生长势强弱不均,枝条过多导致树冠郁闭,从而出现光照不良等问题。结果,不得不对成龄的苹果树进行改造,去掉一些大枝,有的去掉底层大主枝,以便抬高树干。

在修剪时期上,虽然早已将夏季修剪提上议程,甚至提出来以“夏季修剪为主,冬季修剪为辅”的口号。但在生产实际中,仍然偏重于冬季修剪,甚至基本不搞夏季修剪。尽管单纯的冬季修剪弊端早已明了:树冠缩小,生长点减少;年年冬剪后枝条满地,翌年秋后又是满树枝条;大量营养被消耗于营养生长,用于生殖生长的营养物质相对减少,导致成花少结果迟。只进行冬季修剪,年年缩小一次树冠,造成幼树分枝过多。

鉴于冬季修剪所带来的诸多问题，近来有专家提出“四季修剪”的理论。

在修剪方法上，冬季修剪当然还是采用传统的短截、疏枝、回缩、甩放。实际修剪时，大多数果农舍不得疏剪枝条，但又觉得修剪果树又不能不对枝条动剪子，于是把不应该或不必要的枝条和本该疏除的枝条，一律都截一下。由于短截对所留下的部分有助长的作用，短截枝头越多，发出的枝条就越多，结果导致树冠越密闭，树势也就越不稳定。枝条长满树，花芽却难以形成。

尤其是在给幼树整形修剪中，有一个非常普遍的问题就是在果农的心目中，似乎修剪就是剪去枝条一部分，有的幼树中心干、主枝头及其他枝，一律剪掉一部分，像给人剪头一样。这主要源于传统的整形修剪方法："每年在冬剪时，都得对中心干和主侧枝头在饱满芽处进行短截。"这已经在果农头脑中成为"成规定律"。

当然，夏季修剪的一些方法运用不当，也是有副作用的，如环剥环割等。

在栽植密度上，明显地呈现返稀趋势。苹果树和梨树，人们对2米×3米的株行距几乎不予接受，就是3米×4米的株行距也不愿或极少接受；人们大都采用3米×5米或4米×6米的株行距。由于栽植密度决定采用哪种树形，因而与修剪也直接相关。人们大都认为，密植树在成龄后，树冠很难控制，会造成全园郁闭。如此，既不利于通风透光也不利作业。其实质，这个问题仍是传统的树形和修剪方式方法造成的。

三 新整形修剪法的提出

本人认为，果树密植栽培是必要的，理由是：其一，密植栽培因株数多，能够早期丰产；其二，密植栽培果树株行间距小，无效空间少，能经济有效地利用土地，单位面积产量高。这两条是栽培果树的主要目的。只要有了产量，有了足量的产量，才能谈强化果品质量。产量与质量两项指标,构成果树栽培的效益。

相反,稀植栽培,除了不能早期丰产和单位面积产量低外,还有一个实际管理的问题。由于农民对耕地十分珍惜,稀植的果园中株行空间大,以致多年如此,于是必种间作物。结果是只重视对能够当年见到效益的间作物的管理,而忽略甚至荒疏荒弃对果树的管理;同时,间作物本身(高杆密种不给果树留有必要的空间)也直接对果树生长发育造成威胁。农民认为,果树得几年后甚至十年八年才能见效,建果园后,前几年先得从间作物上获取效益,待几年后果树长成再从果树上获取效益。结果是,恶性循环,果树不但很难长成,甚至形成小老树;任其缺株或年年补栽,或是根本不能成园或成园果树参差不齐。

值得人们注意的是,上述问题决然不是个别现象,而是十分普遍存在的问题。

密植栽培的效益,人们是普遍承认,没有争议的。争议的焦点在于密植栽培途径(乔化砧或矮化砧利用)和能否有效控制树冠,防止果园郁闭。

实践证明,果树乔化密植是可行的(鉴于矮化砧的利用在中国还不够成熟的实际状况)。关键是要采用相应的树形和新的整形修剪方法以及综合的配套栽培管理措施。这是三要素,缺一不可。密植栽培,且越是密度大,辅之以新的树形、新的整形修剪方法以及规范化高标准的管理措施,完全可以实现“快长树、早成园、早丰产”这个栽培果树的根本目的。果树进入结果期以后,树冠的扩大生长是完全可以人为控制的,这就是要适当运用修剪手段和产量来进行调控。

鉴于此,本书提出对一些北方果树包括苹果、梨、桃、李、杏、樱桃等,新的树形和整形修剪方法,即“伴随生长整形修剪法”。本方法就是在克服传统修剪方法一些弊端的前提下,主要是针对果树自定植起至进入正常结果期，阐述所要进行的整形修剪过程。同时,也对结果期的修剪做简要论述。

首先,倡导密植栽培。

苹果树栽植密度每亩株数不少于 50 株,即栽植株行距采用 3 米×4 米、2 米×3 米、1.5 米×2.5 米三种。梨树栽植密度每亩株数不少于 100 株,即株行距采用 2 米×3 米、1.5 米×2.5 米两种。桃李杏树栽植密度每亩不少于 150 株,即株行距 1.5 米×2.5 米。有一定规模的果园,每隔 6~8 行设一个加宽(1 米)行。

苹果树除 3 米×4 米仍采用纺锤形外,可采用三干形或中心干形；梨树 2 米×3 米采用改良主干形,1.5 米×2.5 米采用三干形;桃树采用 Y 字形;李、杏、樱桃采用三干形。改良主干形、三干形、中心干形就是本书要阐述的新树形。

不论采用哪种树形，整形修剪一律采取“伴随生长整形修剪法”,即将传统的冬季修剪,改为生长季且伴随着果树生长过程而进行整形修剪。

第二章　整形修剪基本知识

一　树体结构

乔木果树的地上部包括主干和树冠两部分。树冠由中心干、主枝、侧枝和枝组构成。其中,中心干、主枝和侧枝构成树冠的骨架,统称枝干或骨干枝。

果树树体的大小、形状、结构、间隔等,影响到果园群体光能利用和劳动生产率,因此合理分析和制订不同条件下树体的规格,对果树栽培获得好的效益是非常重要的。

1. 树体大小。树体高大,可以充分利用空间立体结果,对延长果树的经济寿命有利。但大树冠成形慢,结果和形成单位面积产量

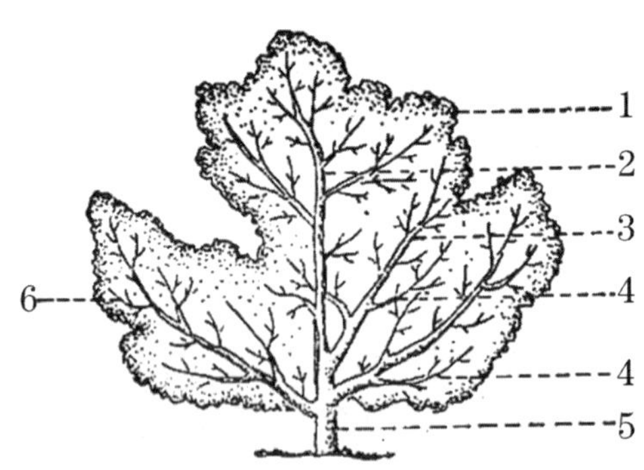

图 2-1　果树树体基本结构

1 树冠　2 中心干　3 主枝　4 侧枝　5 主干　6 枝组

晚;叶片、果实与吸收根的距离大,枝干增多,有效容积反而减小。同时,树冠大,一般要影响果实品质和降低劳动效率。因此,实行小冠矮化密植,是主要发展方向。当然,树体也不是愈小愈好,树体过小就会使果园结果平面化,影响光能利用;同时,密植用苗多,建园成本较大。

2. 树冠形状。果树树冠外形大体可分为半圆形、扁形和水平形(棚架形、盘状形、匍匐形)三类。其中,群体有效体积,扁形最高,半圆形次之,水平形最少;树冠吸收阳光的表面积,也是扁形最好,半圆形次之,水平形最差。这些都说明,扁形光能利用最好;扁形树冠密植生产能力也最高。

3. 树高、树冠冠径和间隔。果树树高一要考虑劳动效率,二要考虑光能利用,三要考虑树种特性和抗灾能力等。

4. 干高。树干的高矮,决定根系与树冠养分运输距离的远近。树干较矮,消耗于树干生长的养分少,有利于生长;但树势较强,发枝向上,幼树易徒长。干矮有利于树冠管理,但不利于地面管理;有利于防风积雪保温保湿,但通风透光差。树形直立,干可矮些;树形开展枝条较软者,干宜高些。栽植距离大,干宜高些;矮化密植,干宜矮。大陆性气候,一般宜矮,有利于提高果园抵抗力;海洋性气候,干宜高些。实行机械化作业,干要适当提高。

5. 树冠分层。树冠层性是果树生长特性之一,有利于通风透光,立体结果。因此,要注意利用层性。有中心干的,在干上分为上下若干层,无中心干的则在主枝上利用侧枝侧面分层。此外,骨干枝上的枝组也要注意长短结合,使树冠上下内外都分层立体结果。

6. 骨干枝数目。骨干枝与主干一样,是运输养分扩大树冠的器官,原则上在能够布满空间的前提下,骨干枝愈少愈有利。一般树形大,骨干枝要多;树形小,骨干枝要少。发枝力弱的骨干枝要多;发枝力强的骨干枝要少。幼树、边行树、坡地栽植,光照条件好的,可多一些;成年树光照条件差,骨干枝宜少些。

7. 主枝分枝角度。主枝与主干的分枝角度,对结果早晚、产量高低都有很大影响,是整形修剪的关键之一。角度小,则树冠郁闭,光照不良,生长势弱,容易上强下弱,花芽形成少,易落果,早期产量低,后期树冠下部易光秃,影响产量,操作不便,且极易劈折。主枝基角以不夹皮为限,在 30°~75°范围内,分枝角度越大,负重力越大。主枝腰角大,树冠开张,生长势弱,花芽易形成,前期产量高,但易早衰。主枝腰角一般以 60°~80°左右为宜。因幼树枝梢向上生长性强,基角小,因此要人为使其开角。在整个主枝上,一般应腰角大些,基角其次,梢角小些。

8. 从属关系。各级骨干枝之间,必须从属分明。从属分明,结构牢固。一般“所着生枝粗/骨干枝粗”比为 1/2。也可称作“半粗规则”或“0.5 规则”,就是说“枝”是其“母枝”粗度的一半,或两者粗度的比值为 0.5。如果两者的粗度接近或“枝”粗超过“母枝”,则树冠生长失衡发生偏冠等现象。如果主枝与中心干粗度相近,主枝还易发生劈裂。因此,搞清从属关系,是果树整形过程必须遵循的规则。

9. 骨干枝向上延伸形式。骨干枝向上(前)延伸有直线延伸和弯曲延伸两种。一般直线延伸的,树冠扩大快,生长势强,树势不易衰弱,但开张角度小的,容易上强下弱,下部内部易光秃,不易形成大型枝组或骨干枝;弯曲延伸在弯曲部位容易发生大型枝组或骨干枝,树冠中下部生长强,不易光秃,但上部一般生长弱,树势易衰。

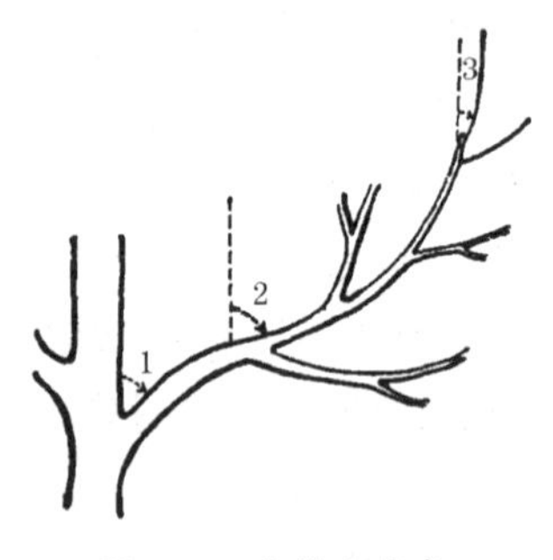

图 2-2　主枝分枝角
1 基角　2 腰角　3 梢角

10. 骨干枝伸展方位。骨干枝间的伸展方位一般不能相同,尤其是两相邻骨干枝。主要从有效利用空间(立体)结果和有利于利用光能两方面考虑。

11. 辅养枝。辅养枝是在整形修剪过程中,有意留下的临时性的枝。幼树期开始留些辅养枝,可缓和树势,利用其提早结果和辅养树体促进植株生长。但整形时,要注意将其与骨干枝区别对待,随着植株长大,光照条件变差,与骨干枝的生长有矛盾时,要及时将其疏剪掉或改为枝组。盛果期为枝组所替代。

图 2-3 大中枝组(上大)

12. 枝组。枝组又称单位枝、枝群或结果枝组。它是果树生命周期中,在树冠各级骨干枝上不断发生又不断死亡的小侧枝组成的各个群体,是树冠中生长与结果的基本单位。

枝组着生在骨干枝上,有两级以上分枝构成。一般分为大型枝组、中型枝组和小型枝组。枝组的大小,按分枝量、枝组长、枝组基部粗度的数量大小而定,并由于产地条件,修剪技术等措施不完全相同而有差异,所以各地区枝组的分类也不一样。一般以分枝量划分:以有 5~10 个分枝为中型枝组,多于 10 个分枝者为大型枝组,少于 5 个分枝者为小型枝组。也有以体积大小来划分的：以小侧枝群直径在 33~66 厘米的作为中等枝组，大于这个限度的为大枝组，小于这个限度的为小枝组。

图 2-4　小枝组与结果枝（下）

不论哪种分法，但有一点是共同的要求，即保证枝组的健壮生长，保持枝组在结果能力最强的年龄范围之内。对衰老枝组要及时更新复壮，这是保证丰产的重要措施之一。一般骨干枝上直立枝组生长势强于平、斜枝组，所以初果期树，要多利用平、斜枝组。到盛果期后，再适当多的利用直立枝组，以恢复和加强树冠整体的生长势，才有利于稳产丰产。

13. 枝，也称枝梢、枝条。叶芽萌发经伸长生长成条，即成为枝。枝条是构成树体结构形成树冠的基本单位。自春季叶芽萌发伸长生长始至初冬落叶前的枝，称作新梢；落叶后至翌春发芽前，称一年生枝。一年生枝上的芽，萌发抽梢后，其原枝便为二年生枝，也称新枝梢的母枝。以下类推为三年生枝、四年生枝……统称多年生枝。一个枝梢依其形成(生长)的时间不同，分为春梢、夏梢、秋梢三

图 2-5 竞争枝与徒长枝(右)

个部分(每个枝梢不一定都有夏梢或秋梢)。

一年生枝上只有叶芽的枝,称为生长枝或营养枝,有花芽的枝称为结果枝。依其长度,生长枝分为叶丛枝(不足 1 厘米)、短枝(1~5 厘米)、中枝(5~15 厘米)、长枝(15 厘米以上)、超长枝(60 厘米以上);结果枝分为短果枝(5 厘以下),中果枝(5~15 厘米),长果枝(15 厘米以上)及健壮长梢的腋花芽枝。

因着生位置和长势分有竞争枝(梢)和徒长枝(梢)。竞争枝是由枝条先端紧邻顶芽下面的一个或几个芽发出的枝梢，其生长势与顶芽发出的梢相近。徒长枝是枝条背上或剪锯口周围由隐芽发出的梢,直立向上呈超常(快速)加长加粗生长态势而形成的枝。

14. 芽。芽是果树生长与结果的最小单位,是枝、叶、花等器官的原始体。

果树的芽,按其功用,分为叶芽和花芽两种。叶芽,担负果树的生长功能,抽梢长叶,形成枝直至整个树体(冠)。也就是说,叶芽是果树枝叶生长的基础。花芽,担负结果功能,是果树开花结果的基础。

花芽分纯花芽和混合花芽两种,纯花芽(桃等核果类)只担负结果的功能;混合花芽即可结果也能抽生枝梢(苹果等仁果类)。芽依其形成的时期部位的不同,其质量分为饱满芽和不饱满或瘪芽。着生在枝条顶端的芽,称为顶(花)芽;着生在枝条周侧的芽,称为腋芽或侧(花)芽;着生在枝条基部或多年生枝上正常不萌发的芽,称为隐芽也称潜伏芽。

二 芽枝叶基本特性

1. 芽的特性

(1)异质性。由于枝条内部营养状况和外界环境条件的不同,在同一生长枝条上不同部位的芽，存在着质量差异现象，称为芽的异质性。这种差异性早在枝条前身母芽发育过程中就已存在，母芽萌发后随着枝条的伸长，新一代芽也进一步发育。但枝条基部的芽发生在早春，此时温度低又加以叶面积小，故芽的发育程度低而常成为隐芽；其后气温升高，叶面积增大，光合作用增强，芽的发育状况得到改善；至枝条缓慢生长期后，叶片合成并积累大量养分，这时形成的芽极为充实饱满。但苹果、梨等的长枝在春秋梢交界处有一盲节（无芽），这是由于树体内贮藏营养与当年同化养分处于交替的阶段所致。此外，如果长枝生长至秋后，由于时间短，气温低，芽往往发育不良或不能形成。

芽的饱满程度，直接影响所抽生新梢的生长势。

（2）芽的早熟性和晚熟性。有些果树在新梢上当年形成的芽，能当年萌发连续形成二次梢和三次梢（称为副梢），这种特性称为芽的早熟性。如葡萄、桃等。具有早熟性芽的树种一般分枝多，进入结果期早。另一些树种，当年形成的芽正常不萌发，要到第二年春才萌发抽枝，这种特性称为芽的晚熟性。如苹果、梨等多数品种。芽的这种特性还受果树年龄及栽培地区的影响，如树龄增大副梢形成能力即减退，又如北方果树南移发梢次数就增多。

（3）萌芽力和成枝力。生长枝上的芽能萌发枝叶的能力称萌芽力。一个枝上萌芽数多的称萌芽力强，反之则弱。萌芽力以萌发的芽数占总芽数的百分率来表示。生长枝上的芽，不仅萌发而且能抽成长枝的能力，叫成枝力。抽生长枝多的则成枝力强，反之则弱。一般以具体成枝数或以长枝占芽数的百分数表示成枝力。

萌芽力和成枝力，因树种品种的不同而不同。如葡萄、核果类果树，萌芽力成枝力均强，梨的萌芽力强而多数品种成枝力弱。同一树种不同品种，萌芽力强弱也不同。萌芽力和成枝力强弱与树龄树势有关，如国光苹果萌芽力随树龄的增长而转强。一般萌芽力和成枝力都强的品种易于整形，但枝条过密，修剪时应注意多疏，防止郁闭；萌芽力强、成枝力弱的品种，易形成中短枝，但枝量少，可采取短截促其发枝。

(4)芽的潜伏力。果树进入衰老期后，能由潜伏芽(即隐芽)发生新梢的能力，称芽的潜伏力。芽潜伏力强的果树，枝条恢复能力强，容易进行树冠的复壮更新。如仁果类、板栗等。桃树等芽潜伏力弱，枝条恢复能力也弱，所以树冠容易衰老。芽的这种特性对果树复壮更新是很重要的。芽的潜伏力也受营养条件和栽培管理的影响，条件好隐芽寿命就长。

2. 枝的特性

(1)枝条加长生长和加粗生长。果树枝梢的加长生长是通过枝条顶端的分生组织的活动——分生细胞群(生长点)的细胞分裂伸长而实现的。一个叶芽发展成为一个生长枝，通常经过以下几个时期：

①新梢开始生长期，也称叶簇期。叶芽开始萌发后，生长点幼叶伸出芽外，随之节间伸长，幼叶分离。大约在展叶后一周，丛生叶逐渐增大，但新梢没有明显的加长。就此停止生长的就形成叶丛枝或短枝，继续生长的将形成中长枝。此期叶小而嫩，含水多，光合作用弱，生长依靠消耗上年积累的贮藏养分，故上一年的生长状况与第二年春季生长有密切关系。

②新梢旺盛生长期。新梢生长点细胞迅速分裂并增大体积，加快了新梢的加长生长，节间较长(每天增长速度 1 厘米左右)，幼叶迅速分离，叶片增多，叶面积加大，光合作用增强；但加粗生长还相对较慢。此期新梢生长主要靠当年叶片制造的养分。旺盛生长期的长短，因新梢类型而有差异，形成中长枝的新梢停止加长生长较早，而徒长枝则较晚。此外，因树龄、肥水、立地等条件的不同，新梢加长生长时期的长短也各异。

新梢旺盛生长期的长短,是决定枝条生长势强弱的关键。

③新梢缓慢生长期。新梢生长至一定时期后,由于外界环境如温度、湿度、光周期的变化,芽内部抑制物质的积累,顶端分生组织内细胞分裂变慢或停止,细胞增大也逐渐停止。此时,枝条节间短缩,并由草质变为木质,进而顶芽形成,生长停止;但加粗生长相对较快。随着叶片衰老,光合作用逐渐减弱,枝内发生木栓层,并积累淀粉、半纤维素,蛋白质的合成加强,机械组织内的细胞壁充满木质素,枝条转入成熟阶段。

果树新梢生长次数及强度受树种及环境条件的影响。常绿果树如柑橘,落叶果树如桃、葡萄、枣等一年内能抽梢 2~4 次,而苹果和梨等一般延长生长 1~2 次。新梢生长强度,一般幼树期及结果初期的树,其新梢生长强度大,约 80~120 厘米;到盛果期其生长势明显减弱,一般约 30~60 厘米;盛果末期,新梢生长长度就更加减弱,一般在 20 厘米左右。

④顶芽形成期。加长生长停止,新梢顶端的叶片全部展开,其上部的节间不再加长生长并形成顶芽。一次性生长而停止生长的短中长枝,均可形成良好的顶芽,没有其他特殊刺激时,新梢的顶芽一直到来年春季才萌发。

⑤秋梢形成期。生长势强旺的新梢,加长生长并没有停止,只是暂时生长减缓,生长点仍然进行缓慢的分生生长,并没有形成定型的芽鳞片。6 月下旬到 7 月间,新梢又开始加速生长,重复春梢生长过程,形成秋梢。秋梢有的能形成顶芽,有的一直不停止生长,入冬后顶端幼叶被冻死并枯干。

苹果树和梨树新梢常有两次明显的加长生长,第一次生长的称春梢,第二次生长的为秋梢。春秋梢交界处形成明显的盲节。自然降水少,而且春旱、秋雨多的地区,往往是春梢短而秋梢长,且不充实。春旱但有灌溉条件的园,则新梢能正常生长发育。生长季长的地区(华北)及一些早熟品种,秋梢能及时停止生长而且充实健壮的,多易形成腋花芽,有利于幼树提早结果和结果树的年年丰产。凡生长季供水适当的苹果园,幼树新梢中部往往没有很明显的盲节,终年生长不停,或仅有较短的秋梢;而盛果期树及老树,一年中常仅有一次春梢生长,没有秋梢。

树干、枝条的加粗,都是形成层细胞分裂、分化、增大的结果。加粗生长比加长生长稍晚,其停止也稍晚,在同一株树上,下部枝条停止加粗生长比上部稍晚。春天当芽开始萌动时,在接近芽的部位,形成层先开始活动,然后向枝条基部发展。因此,落叶果树形成层的开始活动稍晚于萌芽,同时离新梢较远的树冠下部的枝条,形成层细胞开始分裂的时期也较晚。由于形成层的活动,枝干出现微弱的增粗,此时所需的营养物质主要靠上年的贮备。此后,随新梢不断加长生长,形成层活动也持续进行。新梢生长越旺盛,则形成层活动也越强烈而且时间长。秋季由于叶片积累大量光合产物,因而枝干加粗生长明显。

形成层活动与新梢生长之间这种相关性,是因为萌动的芽和加长生长时所发生的幼叶,能产生生长素一类的物质,激发形成层细胞分裂。当加长生长停止叶片老化则生长素来源中断,形成层的活动也随之停止。因此,为促进枝干加粗生长,必须在其上保留较多的梢叶。

(2)顶端优势。顶端优势是指枝条活跃的顶部分生组织或茎尖常常抑制其下侧芽的发育而言,也包括树木对角度的控制。在果树上的表现为:在枝条上部的芽能萌发抽生强枝,其下生长势逐渐减弱,最终下部芽处于休眠状态;直立枝条生长着的先端使其发生的侧枝呈一定角度,如去除尖端对角度的控制效应,则所发侧枝又呈垂直生长。这种顶端优势也表现在,平斜枝背上的芽比背下的芽易萌发且抽生旺壮直、立长势强的徒长梢,树冠上部的枝条要比下部强。越是乔化树种,顶端优势越强;反之则弱。

(3)层性。层性是顶端优势和芽异质性共同作用的结果。中心干上部的芽,萌发为强壮的枝条,中部的芽抽生较短小的枝,基部的芽多数不萌发而为隐芽。这样自苗木开始逐年生长,强的枝则成为主枝(或其他骨干枝),弱的枝成为临时性短小枝。随着年龄增大长枝增粗,弱小枝死亡,主枝在树干上成层状分布,这就是层性。具有层性的树冠,由于层与层之间有相当间隔,有利于树冠的通风透光。不同的树种层性强弱的程度不一,如顶芽及附近数芽发育特别良好,顶端优势强的,则层性就明显。在果树栽培上为了有利于树冠通风透光,常利用层性现象,因势利导将树冠整成分层的树形。

(4)垂直优势。直立的新梢生长旺枝条壮而长,接近水平或下垂的枝则生长弱而短,这种由枝芽着生姿势不同而呈现强弱变化的现象,在果树栽培上被称为垂直优势。在修剪上,可以利用这一特点通过改变枝条生长方向来调节枝条的生长势。

枝芽异质性、顶端优势、枝芽方位等,是影响新梢生长发育强度的主导因子。新梢的加长生长,加粗生长,都受这三个因子的制约。

3. 叶和叶幕

叶是行使光合作用制造有机养分的主要器官,植物体内90%左右的干物质是由叶片合成的。叶片的活动,是果树生长发育形成产量的物质基础。叶片还执行着呼吸、蒸腾、吸收等多种生理机能。由于叶片出现的时间有先后,因此一株树上就有各种不同叶龄的叶片,并各处于不同的发育阶段。在春天,由于枝梢处于开始生长阶段,基部叶的生理活动较活跃,但随着枝条的伸长,活跃中心不断向上转移,因而下部的叶渐趋于衰老状态。因此,不同部位和不同叶龄的叶片,其光合能力是不一样的。在很幼嫩的叶中,由于叶组织量少,叶绿素浓度低,所以光合产物总产量低;随叶龄的增加,叶面积扩大,生理上处于活跃状态,光合效能大大提高,直到一定的成熟程度为止;然后,由于叶片的衰老而降低。

叶幕是指叶片在树冠内集中分布区而言，它是树冠叶面积总量的反映。叶幕厚薄是衡量果树叶面积多少的一种方法,用叶面积指数(总叶面积/单位土地面积或单株叶面积/营养面积)来表示。

三 树形分类

果树树形,一般根据其群体和树体的形状以及树体结构,总体上分为有中心干形、无中心干形、扁形、平面形、无骨干形五大类。

果树树形
- 有中心干形
  - 分层形:层形、疏散分层形、十字形、多中心干形
  - 无层形:主干形、扁形主干形、纺锤灌木形、圆柱形
- 无主干形:杯状形、自然杯状形、自然开心形、多主枝自然形、丛状形、自然圆头形、主枝开心圆头形
- 扁形
  - 树篱形:扁纺锤灌木形、自然扁形
  - 篱架形:单干形、双臂形、双层栅篱形、棕榈叶形
- 平面形
  - 棚架形:水平棚、倾斜棚
  - 匍匐形:扇形、圆盘形
- 无骨干形:丛状形

四 常用树形

生产上,传统常用树形,仁果类主要是疏散分层形,核果类主要是自然开心形，蔓性果树则用棚架和篱架形。密植栽培仁果类(苹果、梨等)多采用纺锤灌木形,在超密栽培中采用圆柱形。随着

栽培密度提高,树形由大变小,由单株变为群体,由半圆形变为扁形,由多骨干枝变为少骨干枝。

1. 主干形。也称金字塔形。有一较挺拔的中心干,中心干上轮生多个主枝。主枝不分层或分层不明显,主枝上不分生侧枝,直接着生结果枝或小型结果枝组。

2. 疏散分层形。又称主干疏层形、基部三主枝邻近半圆形,这是苹果和梨树最常用的传统树形。有一中心干,全树主枝 7 个,分三层,一般第一层 3 个,第二层 2~3 个,第三层 1~2 个。主枝上分生侧枝,主枝和侧枝上着生枝组。

3. 圆柱形。全树只有中心干一个,不再分生主枝,而在中心干上直接着生枝组结果,适用于超密植栽培。

4. 自然开心形。主枝三个在主干上错落着生,直线延长,在侧面分生侧枝。桃树大都采用此树形。

5. 纺锤灌木形。俗称自由纺锤形,简称纺锤形。其树体结构:干高 50~60 厘米,中心干直立,其上每隔 15~25 厘米留 1 个主枝,全树主枝 15 个左右,错落着生不分层;同侧主枝间距不少于 60 厘米。主枝上不分生侧枝,直接着生结果枝和结果枝组;主枝基角 60°~80°,腰角 70°~80°。树高控制在 3.5 米以内。

此外,由纺锤形演化有细(长)纺锤形、高纺锤形。

6. 小冠开心形。主干高 1.0~1.5 米,树干(主干与中干)高度 2.0~2.5 米。中干上着生 3~4 个不重叠的主枝,呈错落十字排列,主枝间方位角为 90°左右,垂直角为 60°~80°;如主枝在干上着生位置低,垂直角度应小些,反之则大些。主枝上一般不留大侧枝,配备大、中、小搭配合理,高、中、低错落有序的松散细长型结果枝组。树冠高度为 2.5~3.0 米。树冠单层,呈伞形或蝴蝶形的半圆或扁圆体,冠厚 2.0 米左右。

苹果树基部三主枝分层形

苹果树小冠疏层形

苹果树纺锤形

苹果树小冠开心形

桃树自然开心形

老梨树多枝分层形

图 2-6　几种常见树形

五 修剪方法

1. 短截。又称短剪，即剪去一年生枝条的一部分。其作用是：

（1）促生较强分枝，枝梢密度增多，使树冠内膛光线变弱；利于细胞伸长，而不利于组织分化。故为了增加分枝，常用短截。

（2）缩短枝轴，使留下的部分靠近根系，养分运输方便，同时可以从阶段性较低的部位抽生新梢。休眠期短截后初生新梢较疏剪含氮量高，而碳水化合物含量则较低，都说明短截有利于促进生长和更新复壮。

（3）短截可以改变不同枝梢间顶端的地位，从而改变顶端优势的部位。

（4）短截后，其枝上下部水分、氮素分布梯度增加，比疏剪的明显，说明短截比疏剪更能增强同一枝上顶端优势，故强枝过度短截，往往顶端新梢徒长，下部新梢又过弱，不能形成优良的结果枝。

（5）短截可以增强树势和枝条长势。

2. 疏剪。又称疏枝，即将枝条从基部剪除。

（1）减少分枝，使树冠内光线增强，尤其短波光增强更多，利于组织分化而不利于细胞伸长，故为减少分枝，促进结果都用疏剪。

（2）削弱整体和母枝势力较短截明显，常用以调节整体和树冠局部的生长势。但疏剪结果枝反可以加强整体和母枝的势力。

（3）疏剪在母枝上形成伤口，影响营养物质的运输，与环剥有类似作用。因此，对伤口上部的枝芽有一定的削弱作用，对其下部的枝芽则有促进作用。疏枝愈多，伤口间越近（伤口相对），这两种作用越明显。通常可用疏剪来控制旺长。疏剪可以改善树冠光照状况。

3. 缩剪。又称“回缩”，即在多年生枝上短截。一般修剪量大，刺激性强，有更新复壮的作用，多用于枝组或骨干枝更新，以及控制辅养枝等。缩剪反应与缩剪程度、留枝强弱、伤口大小等有关。如缩剪留强枝、直立枝，伤口较小，缩剪适度，则可促进生长。反之，抑制作用较重。前者多用于更新复壮，后者多用于控制树冠或辅养枝。

4. 长放。也称甩放、缓放。就是对一年生枝不短剪，得以缓和新梢长势。枝条长放留芽多，抽生较多梢叶，但因生长前期养分分散，有利于形成中短枝，而生长后期得以积累较多养分，促进花芽分化和结果。但是，营养枝长放后，增粗较快，尤其是背上直立旺枝，越放越粗，运用不当，会出现树上长树的现象，并削弱原枝头生长，必须注意防止。长放多应用于长势中等的枝条，长放强旺枝应配合拉枝、扭枝或环剥等，以削弱枝势。长放一方面可缓和新梢长势，另一方面，由于枝叶多，可加强全树或基枝生长。因此，常用于较弱骨干枝，以迅速增粗，赶上其他骨干枝。

5. 除萌和疏梢。萌芽后，抹除或削去嫩芽称为除萌或抹芽。新梢开始迅速生长时疏除过密的新梢称疏梢。疏梢有时在新梢停止生长后进行。其作用有：选优去劣，节约养分，改善光照，提高留用枝质量和促其生长。尽早去除无用的徒长枝，以减少大伤口和养分的浪费。减少生长点和枝叶量，使同化养分积累减少。所以，新栽树不除萌可以保证有较多的生长点和叶片，对树干加粗生长有利；对衰老病残树保留干基萌蘖，还可以达到更新的目的。

6. 摘心和剪梢。摘心就是将新梢先端摘去。摘心可以暂时提高植株各器官的生理活性，抑制其向前延伸生长，从而增加营养积累。摘心也相应地提高光合作用机能和水分代谢强度，使蒸腾作用强度提高，叶片含水量下降。摘心一般还可加强呼吸作用强度，提高叶片的活力，延长留下叶片的寿命。

摘心削弱顶端生长，促进分枝。

7. 弯枝。弯枝就是人为改变枝梢生长方向和姿势，合理利用空间；改变枝梢生长势，以利于果树生长结果。此外，圈枝也属于此类。

8. 割剥。环割，就是用刀环枝将韧皮部割断；环剥就是将枝干的韧皮部剥去一定宽度一圈的措施，大扒皮、倒贴皮等都属于这一类。

果树的韧皮部是有机营养物质长距离上下运输的主要通道，也负担一部分矿物质的运输。果树环剥主要作用是中断了韧皮部的输导系统，能暂时增加环剥以上部位碳水化合物的积累，并使生长素含量下降。因此，抑制营养生长，促进生殖生长，从而促使果树或枝条提早结果。

9. 拉枝。拉枝主要是在幼树整形期，将较直立生长的骨干枝拉开一定的角度，使其向依着整形要求的方向生长延伸。将临时性的辅养枝拉开较大角度，可减缓其生长势，促使其分生短枝形成花芽。

10. 扭梢（枝）和拿枝（梢）。两者都是将枝梢扭伤的措施。扭梢就是将旺梢向下扭曲，既扭伤木质部和皮层，又改变枝梢方向。拿枝就是用手对旺梢自基部到顶部捋一捋，伤及木质部，响而不折。这些措施都可以阻碍养分运输，缓和生长，提高萌芽率，促进中短枝形成，从而促进成花，提高坐果率和促进果实生长。

其他：刻伤、去叶、断根、去芽、击伤芽、破顶芽、折枝等也是修剪措施。

六　整形修剪的作用

果树为什么要进行整形修剪？这个问题是果树栽培者首先应该了解的。整形修剪的作用是多方面的，最终的作用是促使果树早结果,多结果,结好果,树体健康长寿。

1. 调节果树与环境间的关系

正确的整形修剪,可以调整果树个体与群体结构,更有效地利用空间,改善光照条件,提高光能利用率,以协调果树与环境间的关系。

整形的主要目的,是造成一定的叶幕结构,使在增加有效叶面积的前提下,改善叶片的受光条件,提高单位面积上的光合作用生产量,并最大限度地转化为经济产量。

提高有效叶面积指数和改善光照条件,是合理整形应遵循的原则。增加叶面积指数,重要的是多留枝,增加分枝,适当增加中短枝所占的比例;改善光照条件主要是通过整形修剪来调节叶幕,使树冠不过高,层次不过多,叶幕不过密、过厚。对此,要通过选用合理树形,及时调整树冠结构来实现。

稀植条件下,整形主要考虑个体的发展,重视较大空间的快速利用和树冠各局部“小群体”内光照条件的变化及各局部间势力的均衡,尽量做到:扩大树冠快,枝量多,先密后稀,层次分明,骨干枝开张,势力均衡。密植条件下,整形修剪主要考虑群体的发展,注意调节群体的叶幕结构,解决整形与个体的矛盾;尽量做到:群体照顾个体,个体服从群体,长枝要少,短枝要多,树冠要矮,叶幕略薄,留有光路,先促后控,以果压树。

良好的树冠结构有利于通风(利于二氧化碳的补充)、调温、调湿和各项树体管理工作的进行。

2. 调节树体各部分,各器官间的均衡关系

果树要进行正常的生长和结果,必须维持树体各部分间各器官间的相对均衡。

(1)利用地上部、地下部动态平衡规律以调节果树的整体生长。果树地上部与地下部是相互依赖、相互制约的,二者保持动态

平衡。任何一方的增强或减弱,都会影响另一方的强弱,修剪就是有目的地调整两者的均衡,以建立有利的新的平衡关系。树冠修剪由于未动根系，一般可促进地上部新梢生长，抑制地下部根系生长;根系修剪则相反。修剪越重则作用越明显。

对生长旺盛,花芽较少的树,修剪减少了一部分器官和同化养分,一般会使果树总生长量减少。但是,对花芽多的成年树,由于修剪剪去部分花芽和更新复壮等作用，反而会比不修剪的增加总生长量,促进全树生长。

还必须指出,修剪在利用地上、地下动态平衡规律方面,还应以修剪的时期和修剪方法为转移。如在年周期中树体内贮藏养分最少的时期进行修剪,则修剪愈重,叶面积损失愈大,根的饥饿愈重,新梢生长反而削弱,对整体,对局部都产生抑制效应。也就是说,修剪利用地上部地下部平衡规律所产生的效应是双重的,可变的。即局部刺激,整体抑制;此处刺激,彼处抑制;此时可能加强,彼时可能削弱。均依具体时间、对象等条件而变化。

（2）调节营养器官与生殖器官均衡。生长与结果这一基本矛盾,在果树一生中同时存在,贯穿始终。利用生长与结果的矛盾,可以通过修剪这两类器官进行调节,使双方达到相对均衡。为高产稳产优质创造条件调节时,首先要保证有足够数量的优质营养器官。其次要使其能产生一定数量的花果,并与营养器官的数量相适应。但如花芽过多,必须疏剪花芽和疏花疏果,促进根叶生长,维持两类器官的均衡。第三在着眼于各器官各部分的相对独立性,使一部分枝梢生长,一部分枝梢结果,每年交替,相互转换,使两者达到相对均衡。

(3)调节同类器官间的均衡,一株果树上同类器官之间如枝条之间,花器之间,果实之间也存在着矛盾,需要通过修剪加以调节,以有利于生长结果。用修剪调节时,要注意器官的数量、质量和类型。有的要抑强扶弱,使生长适中,有利于结果;有的要选优去劣,集中营养供应,提高器官质量。对于枝条,既要保证有一定的数量,又要搭配和调节长、中、短各类枝的比例和部位。对于短枝,首先要保证优良短枝的数量,提高一般短枝的质量,使其向优良短枝转化,同时应主动减少并疏除过差的短枝。对徒长旺枝要去除一部分,以缓和竞争,使多数枝条趋向于健壮,以利于生长和结果。再如花果器官,数量少时,应尽量保留。数量多时,选优去劣,减少消耗,集中营养,保证留下花果以及营养器官的生长。

总之,调整树体各部分及各器官间的重点是调整营养器官与生殖器官的均衡。在调整生长与结果这一矛盾时,修剪应首先着眼于调节地上部与地下部的关系,以影响整体长势。着手于调整两类器官的转化,人为控制其均衡的动态趋向,并通过细致地调整两类器官的比例,以达到有利于生产的目的。

3. 调节树体的营养状况

整形修剪对树体营养的吸收、制造、积累、消耗、运转、分配及各类营养间相互关系都会产生相应的影响。

(1)修剪可以调整树体叶面积,改变光照条件,影响光合产量,从而改变了树体营养制造状况和营养水平。

(2)修剪通过调节地上部与地下部的平衡,影响根系的生长,从而影响无机营养的吸收与有机营养的分配状况。

(3)修剪通过调节营养器官和生殖器官的数量和比例,调节器官类型,从而影响树体的营养积累和代谢状况。

(4)修剪可以通过控制无效枝叶和调整花果数量,减少营养的无效消耗。

(5)修剪通过调节角度、器官数量、输导通路、生长中心等,定向地运转和分配营养物质;同时能改变内源激素的水平。

总之,修剪的实质是对营养的调节,既调节有机营养,又调节无机营养；既调节大量营养物质，又调节微量营养物质。但其作用有一定的局限性和范围，它本身不能提供水分、养分，只是调节其制造、利用、分配状况。因而不能替代土肥水等基本管理措施，只能和这些措施相配合，减少和克服不必要的消耗和浪费。在实际进行修剪时，必须判断和根据果树树体的营养状况进行，才能获得良好的效果。

七 整形修剪作用的实质

果树整形修剪的方法很多，但究其作用实质，主要有以下几个方面：

1.调节器官的数量和类型。修剪的许多作用是通过调节器官数量和类型来实现的。这里主要指调节营养器官枝叶量和生殖器官花果量。为促进生长，应多留枝叶，尤其多留中长枝，促进整体生长，也可疏掉部分光合作用效能低的短弱枝、弱果枝或花芽，以控制消耗，促进生长。为削弱生长，可缓放营养枝，多疏枝，多留结果枝和花芽。

2.利用和改变优势。器官所处的部位不同，其势力强弱有很大差异，这主要是由于顶端优势和枝芽异质性所造成。在果树上最常表现的是顶端优势和垂直优势。此外，壮枝壮芽、新生器官、组织阶段性低、枝叶多，也都是优势生长的表现。

修剪可以利用优势，加强生长，如提高枝梢部位，保持枝梢直立、顺直，在阶段性低的部位更新以及壮枝壮芽带头，多留枝叶等。也可改变和转移优势部位，减弱生长，如用短截、拉枝等方法降低枝梢部位，以及弱枝弱芽带头，少留枝叶等。

3.利用和改变枝芽质量。调整枝梢势力时，为了促进生长，剪口应留壮芽，则分枝少且生长强；为了削弱生长，则可用弱芽带头，分枝多而生长弱。

利用枝条的异质性进行修剪，也可以获得不同效果。如苹果树短枝的木质部管道狭而短，长枝的广而长。短枝的养分水分交换势弱，局部性强；长枝的交换势强，整体性强。因此，短枝易形成花芽结果；长枝不易形成花芽，但有利于整体生长。所以，果树整形修剪，必须保持全树长短枝的合理比例和长枝必要的长势，才能维持树势，年年丰产。

果树枝芽的质量，还可以利用修剪来改变，尤其是生长期修剪，反应明显。

4.利用和改变枝芽方位。利用和改变枝芽方位，对促进或抑制果树长势影响很大。枝芽直立、高位、粗大、顺直、健壮、分枝少，营养的输送顺利通畅，本身营养消耗少，则有利于促进长势；枝芽处于倾斜、低位、细小、弯曲、损伤、分枝多等，会削弱长势，有利于营养局部积累。所以，枝芽方位的利用和改变，实际上是调节果树整体和局部营养的积累和分配，调节有机营养与无机营养（如碳和氮）的结合状况，从而达到调节果树生长与结果的目的。

5.利用不同时期的修剪效应。果树不同时期进行修剪，其效果大不相同。所以可依此来调节果树生长与结果，以达到特定栽培目的。

6.利用局部的相对独立性。果树是个整体，它的各部分是相互联系相互制约的。但果树各部分也有相对独立性，表现在树冠上，同一类器官大小强弱不一。不同部位叶片同化产物的运转有明显的局部性。所以，对树冠各部分采取不同修剪方法，就可以使各部分枝条生长适中，结果均匀。如强枝轻剪，弱枝重剪，则新梢生长都可以适中，有利于结果。花芽多的部分疏花芽，花芽少的不疏，使负担均匀，果实大小一致，这也是细致修剪比粗略修剪效果好的原因所在。

总之,果树的整形修剪的作用,在生理上就是利用营养竞争的强弱(优势、枝芽异质性)、营养运输与分配、营养的积累与消耗(时期,器官数量和类型,局部的相对独立性)等问题,归根结底,是通过调节营养影响果树生长和结果。

以上六个途径,不是孤立的,不变的,而是相互联系、相互制约,不断变化的。在很多情况下,是各种修剪方法综合起作用的。由于各种方法其促进与控制的效应不同,有的是相互加强的,如部位优势和壮枝壮芽带头都加强生长,则生长更强;有的是相互抵消的,如部位优势而利用弱枝弱芽带头,则生长缓和,萌芽增多;有的是起牵制效应,作用在此,影响在彼,如控上以促下,缓外以促内等。因此,必须根据树体内外具体情况,分析各种剪法的综合效应,灵活运用,才能达到预期的目的。

此外,必须明确,无论同一种修剪法或多种修剪法的综合,必然有多种效应。有的对果树栽培有利,有的不利,如幼树修剪可以构成良好的树形,有利于提早结果,但必然要剪去一部分枝叶,并造成不必要的伤口,抑制全树生长。因此,在达到合理整形的前提下,幼树修剪越轻越好。又如幼树开张主枝角度,可以改善光照,增加枝叶生长,促进花芽形成,提早结果,但由于开张角度,必然要削弱主枝生长和全树生长。因此,为了减少其不利影响,宜在枝梢停长时进行,以减少不利影响。修剪对果树栽培最主要的作用,在于调节生长与结果的矛盾,这就是果树修剪的主要目的。

八　修剪时期

果树的修剪时期,分为休眠期修剪(又称冬季修剪)和生长期修剪(又称夏季修剪)。不同的修剪时期,即使方法和修剪量完全相同，其效果也大不一样。这主要是由于果树在年周期中的不同时期,其营养基础和器官基础不同所致。其次,各时期的环境条件不同，也对修剪效果产生较大影响。果树在冬季因树体处于休眠状态,贮藏养分较足。冬剪后,春季芽体萌动,集中利用贮藏营养,梢叶很快成为生长中心,其他器官竞争力较差。所以冬剪越重,贮藏营养供应越集中,越是促进新梢旺长。剪口附近顶芽长期处于顶端优势,因此枝梢生长优势明显。春季(芽萌动后)修剪,贮藏营养已有相当消耗,加之,已萌动的芽被剪去,重新萌动,生长推迟。因此,长势明显削弱。同时因剪除先端,剪口附近的芽优势不明显,从而提高了萌芽率,新梢多而弱。夏季修剪,由于树体贮藏营养较少,而新叶又因修剪而减少,同样修剪,其对树体生长影响较大。所以,一般修剪量要从轻,但运用得当,可及时调节生长结果,促进花芽形成和果实生长,利用二次生长,控制树冠,有利于枝组培养。秋季修剪,树体进入营养贮备阶段,如适当修剪,可紧凑枝体,改善光照,充实芽体,复壮内膛,而且大枝剪除后,来春剪口反应比冬剪弱,势力比较缓和,特别有利于剪除大枝。由此看来,根据不同状况,在年周期中出现的不同矛盾,及时采取适当修剪措施是十分必要的。

落叶果树枝梢内营养物质的运转,一般在进入休眠期前,即向下运入茎干和根部,至开春解除休眠时再由根、茎运向枝梢。一般在严寒以后萌芽以前(二月间),一二年生枝梢内营养物质含量较少。旨在减少果树树体营养损失,是冬季修剪的主要原理。

果树休眠期提早修剪，可以促进芽特别是剪口芽的分化和萌动,促进生长,加强顶端优势,减少分枝。延迟修剪则相反,可以缓和树势增加分枝。

修剪就会造成伤口，对剪口下的芽和附近组织容易引起冻伤或感染病害;伤口越大,削弱树势就越明显。

九 修剪程度

修剪程度主要是指修剪量,即剪去器官的多少。其次,也涉及每种修剪方法所施行的强度,如环剥的宽度和深度,拉枝的角度等。一般修剪越重,反应越明显。

在促进新梢生长方面,休眠期修剪愈重作用愈明显。剪去的器官贮藏养分减少较少,因此,使留下的枝芽从根干中获得的贮藏养分相对增多。同时,由于根系未减少,根系吸收水分、矿质元素和合成的有机物(含氮有机物和激素类物质)对地上部的供应相对增多。因此,新梢和叶片中含水量、含氮和灰分含量增加,促进叶片中淀粉的积累,以及碳水化合物的转化、运转,供应组织的需要,使新梢转旺。修剪愈重,反应愈明显。然而,旺树修剪愈重,器官和养分损失也愈多,对根系和树整体的抑制作用就愈大,全碳水化合物含量相应减少。

综合运用修剪方法、修剪时期和修剪量,可以调节果树生长强弱,调节枝条角度,调节枝梢密度,调节花芽留量,保花保果;以及培养枝组和老树更新。

第三章　传统整形修剪的利与弊

传统整形修剪，就是果树在年周期中，春夏秋季果树生长期长树与结果，冬季果树休眠期进行整形修剪。

幼树自春季栽植时定干，发芽后抹芽（抹去整形带以下萌发的芽），随之任其自然生长。入冬果树落叶后进入休眠期，进行整形修剪。其基本步骤及方法为：①选定中心干，疏去竞争枝，对选留的中心干在其春梢饱满芽处短截。②选留主枝，并对其在春梢饱满芽处短截。③对选留的临时枝，一般实行长放；疏除多余枝。之后多年基本都是如此循环往复，直至果树成形。这种整形方法，源于苹果栽培史的前期。近 20 余年来，提倡并重视夏剪，但主要做到的是拉枝、扭梢、摘心等。生产实际中，仍然是以冬季进行修剪为主。

对初结果期树，虽然也提倡夏剪，但在生产实际中所做甚少。在冬季修剪时，每年仍要提倡对外围延长枝进行短截。至于盛果期及老龄果树基本不搞夏剪。

虽然提倡对幼树要轻剪，以致早就已经有人提出对骨干枝不搞短截，但在生产实际中，短截几乎成为修剪果树的“成规定律”。似乎不截就没有剪树。

这种传统的整形修剪方式，在果树栽培史上，起到了一定的积极作用。但随着形势的发展与科技进步，却越来越显现出诸多弊端。导致当前新栽果树不成形，难成树；慢成园或不成园。结果期树骨干枝多，生长旺，枝条多，树冠郁密，结果少产量低，果实品质差。

然而，果农却坚持这样做(冬剪并以短截为主)，有历史原因就是多年来的传统根深蒂固，有现时原因就是技术推广力度不够。呈现出修剪技术理论先进性与生产实际相脱节的局面。

一 传统幼树整形基本过程

1. 定干

即果苗定植后，依整形要求，留一定高度截去先端一部分。待发芽后，将苗的下部萌芽抹去。随之任其自然生长。

图 3-1 定植后定干(苹果树)

图 3-2　经一年的生长状况(一般情况)

2. 冬季整形修剪

当年(一年生)冬季进行整形修剪:①选定中心干并对其进行短截;②选定主枝并对其进行短截;③疏除竞争和多余枝。

经过第二年的生长,冬季将重复这样修剪。

图 3-3 冬剪及第二年生长

经过两年冬季整形修剪后，骨架基本搭成。第三年冬仍然继续：①对中心干进行短截。②对主枝进行短截。③对侧枝进行短截。④选留树冠中部主枝并对其进行短截。⑤缓放或疏除多余枝。

第四年冬，选留上部主枝。第五年整形基本完成，即树已成形。

二 传统修剪方法

1. 短截

在过去苹果树和梨树稀植情况下，所采用的树形为疏散分层形（基部三主枝邻近半圆形），其树冠较高大，树体结构在中心干上不但要着生几层主枝，在主枝上还要分生侧枝，在侧枝上有的还得分生副侧枝。

首先，在定植时，对苗木要在饱满芽处短截（即定干）；之后每年都要对中心干进行短截。其主要目的是为了促发分枝，一般在剪口下可发出 3 个左右较强长势的枝梢，从而提供可供选留的主枝；同理，每年对主枝的短截，是为了促发出可供选留的侧枝（图 3–4）。

图 3–4 第三年冬剪后

促发较强长势的枝梢，利于骨干枝的培养是短截的主要功能。

每年将已长成的枝梢，剪掉一部分（1/3 左右），翌年得重新长出这被剪掉的部分，然后继续生长才是扩大树冠的再生长。如此往复，每年人为缩小树冠 1/3，再重新生长 2/3。这种做法的实质并不是像传统修剪理论所说的能够促使树冠迅速扩大，相反，恰恰减缓了树冠的扩大。

剪掉枝条本身是对树体营养的浪费，短截只对剪口下的芽梢有促进生长的作用，而对全树来说是削弱，特别是过多过重的短截。因此，浪费营养是短截的弊病之一，尽管认为休眠期枝条营养相对较少而选择冬剪。

剪口下促发强长势枝条，不利于花芽形成，是短截弊病之二。

定干和每年对中心干及主枝进行短截，能使主干和主枝年龄间粗度产生梯度差(尖削度)，这对牢固树体骨架有利。

综上所述，对于大树冠有较大主枝并有侧枝的树形，对骨干枝进行短截修剪，是必要的。然而，对于在密植栽培情况下，采用纺锤形等小主枝无侧枝的树形而言，除定干外，短截修剪就弊多利少。首先，中心干连年短截，必然促发许多强分枝，如此，可能导致最终主枝过多；第二，主枝连年短截而发生的强分枝，是根本无用的，同时强分枝的优势生长，妨碍其下部中短枝的形成，也就不利于形成花芽。

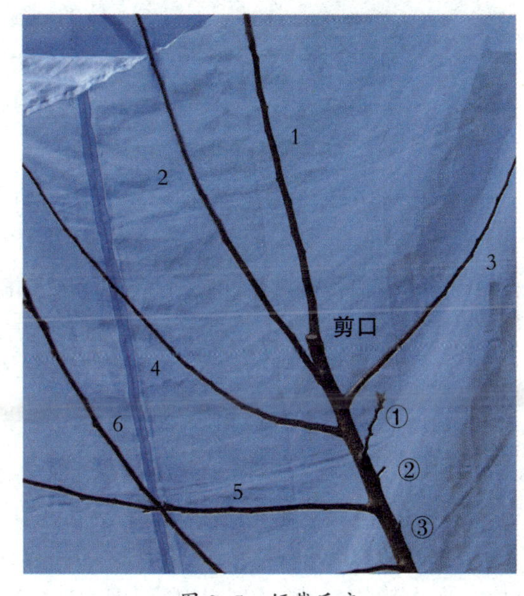

图 3-5 短截反应

冬季短截后，剪口下抽生 3~5 个强枝和几(如图 3-5①~③)个短枝。

当然，不同姿势(直立、斜倾、水平)的枝，不同长势(粗

图 3-6 缓放反应

壮、中庸、细弱)的枝,不同的短截程度(轻、中、重)以及不同树种品种,短截后,其剪口下的发枝(多少强弱)情况是不同的。

2. 长放

对枝条放而不剪,有利于抽生中短枝和形成花芽,而不利于抽生强势分枝。与短截反应同理,不同姿势(直立、斜倾、水平)的枝,不同长势(粗壮、中庸、细弱)的枝,不同的树种品种,枝条长放后其发芽抽梢成枝的情况是有所不同的。

强壮的直立枝缓放,发芽率接近 100%,但无大分枝。

3. 疏枝

疏去多余枝,无论是对幼树整形还是结果期树的修剪,以及对因整形不当(不标准)而导致枝过多的成龄树改造,都是必要的。但疏枝的弊病主要有两个,一是造成伤口,无论如何都是对树体的一种伤害;二是疏除背上枝后又导致剪口下再发新枝。

疏除一个背上枝,往往又会发出几个新的枝梢,而且又极易造成徒长以至比原来的枝梢长得更强势。结果是疏去一批,生出更多;再疏再生,恶性循环。

人们为了减少伤口尤其是接连、对生伤口给树体带来的伤害,采用留橛修剪的办法。这个办法既不能彻底达到去枝的目的,也同样会促生新的枝梢。所以,留橛修剪,是一个无奈且不可取的办法。

图 3-7 疏剪伤口

图 3-8　疏剪与留橛反应

4. 回缩

对需要延伸生长的骨干枝，其先端因故坏损、细弱、下垂时，采用回缩修剪是必要的；对于连续多年的冗长结果枝，适当回缩是必要的；为控制树冠的扩大，采用回缩修剪是必要的；为更新复壮，回缩是必要的。回缩修剪与短截作用有相同之处。

5. 拉枝

对较直立生长的主枝，采取人为拉开角度的方法是有效的；对较直立生长的临时性枝，采用人为拉开角度改变其延伸方向，减缓其长势和促进抽生短枝形成花芽，也是有效的。但拉枝的时期，拉开角度的大小，对被拉枝本身的长势及全树的长势都将发生一定影响。而被拉成水平(90°)和下倾的枝，其先端向前延伸生长将大为减缓或停止;而其背上易发生徒长枝。

图 3-9 拉枝反应(1)

图 3-10 拉枝反应(2)

图 3-11　拉枝反应(3)

图 3-12　拉枝反应(4)

图 3-13　拉枝反应(5)

图 3-14　扭梢效果(成功)

图 3-15　扭梢的反应(失败)

拉枝过度树冠扩大生长明显受到限制。

6. 扭梢

扭梢是为了解决拉枝后背上的直立梢而采取的措施。做法就是当直立新梢长到 20 厘米~30 厘米时,用手将新梢扭转使其改变生长方向的做法。这个方法有时很有效,有时反倒促发新的更强长势的直立梢。

7. 弯枝、圈枝

就是对已经形成的背上立直枝，人为强令其改变方向而采取的措施。可以控制被弯枝的长势,并促使其形成花芽。

8. 抹芽与疏梢

抹芽可以将无用的枝梢消灭在萌芽之中。疏梢可及早消除无用的梢而不使其成枝。

9. 摘心与剪梢

不同的时期摘心,作用和效果不同。当新梢长到20厘米左右,且尚未木质化时,摘心可暂时控制或延缓其长势,经10天左右将重新恢复生长。对较长的已经木质化(侧芽形成)的新梢摘心后,将促使二次生长而发出新的分枝(梢)。

10. 刻芽、目伤

春季发芽前,在枝条芽眼上方约0.5厘米处,用刀将韧皮部割伤,可以促使该芽萌发抽梢。这是为缺枝或可能缺枝的部位人为培养枝梢而采取的办法。这个方法有效,但并不常用。

11. 环剥与环割

主干环剥可控制全树的生长势。一般只有在水肥条件充足的前提下,对长势过旺的幼树,可对主干采取适度的环剥或环割。否则,此法不可取,更不宜连年进行,因为极易导致树势衰弱而成为小老树;对主枝也不宜采取环剥法。只有对临时性的枝可适度采用。

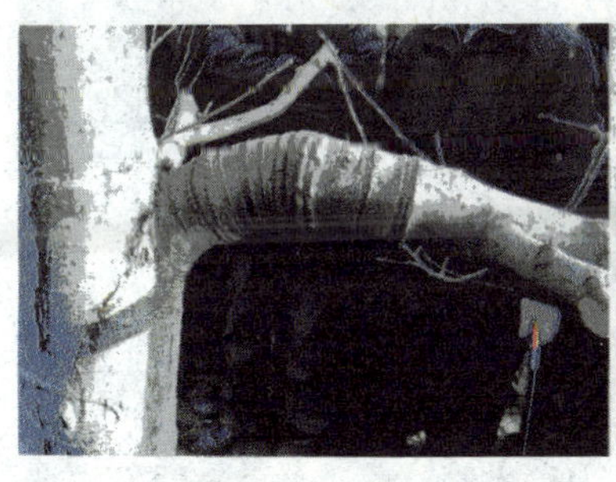

图3-16　环割

图3-17　环剥

12. 竞争枝的处理

冬季修剪，最普遍的问题就是对竞争枝的处理。生产实际中，对竞争枝的处理方法有多种：其一，疏除，这是常用方法；但有时为减少伤口而采取留橛待来年疏除。其二，缓放。其三，短截。其四，拉平。其五，利用其转主换头。当竞争枝数较多时，则多种方法兼用。所有方法都是无奈的举措，都将留下一定的后遗症。疏除虽然是解决竞争枝的有效方法，但留下伤口对枝头的生长起到削弱作用。

图 3-18　竞争枝处理(1)

图 3-19 竞争枝处理(2)

三 整形修剪不当导致的不良树形

在实际生产中,因冬季整形修剪措施使用不当,导致有很多千奇百怪、不伦不类的树形。如图:

图 3-20 不良苹果树形(1)

图 3-21 不良苹果树形(2)

图 3-22　不良梨树形

图 3-23 不良樱桃树形

图 3-24　不良李树形

图 3-25　不良杏树形

第四章　伴随生长整形修剪

传统的整形修剪，主要是在冬季果树休眠期进行；所谓夏剪，也只是拉枝、扭梢等一些辅助措施。对一株果树而言，冬剪可在很短时间（几分钟到几个小时）内一次性完成。

伴随生长整形修剪，即"伴随果树生长过程随时因需进行整形修剪"。它的特点：

其一，在修剪时间上，倒过来，改冬季休眠期修剪为生长季修剪。

其二，改定期为随时，即依果树生长的实际状况、需要而定。

其三，基本（一般情况下）不对枝条进行短截，尤其是对中心干和主枝（骨干枝）不短截，也因此而无需冬季剪截。

其四，对于无用枝梢包括竞争枝，将其消灭在初始阶段。没有无用枝和竞争枝，所以也无需冬剪疏枝。

其五，主枝的基角人为早期设定。

伴随生长整形修剪的依据和目的是：利用果树自然生长特性，如垂直优势、顶端优势、枝芽异质性等，采用综合修剪手段，使其按照人的意愿去生长发育，如树形、枝梢选择及其姿势等。

传统整形理论指出不强求人为作形，而要"因树整形"，因为一个果园内每株果树的生长和成枝状况是不同的。所以因树整形的实质是"被动整形"。恰恰相反，伴随生长整形就是要通过人为调控，使果树依照整形需要去生长的"人为作形"。可见伴随生长整形是“主动整形”。

伴随生长整形修剪，适宜于苹果、梨、桃、李、杏、樱桃等北方落叶果树；适合于矮化和乔化砧密植条件下的各种树形。

伴随生长整形修剪，就一株树而言，虽然一年内需要多次，但绝对用工量要比传统冬剪法省而不费。

一 幼树整形修剪

果树整形，可分为两个阶段：定植后 1~2 年内为第一阶段，也即树形骨架搭配期；3~4 年为第二阶段，即整形完善期。也就是说，要在定植 1~2 年内完成树体基本结构包括主干、中心干、主枝的选配。当然，这是整形的最关键期。这个期间的每道工序都是不可以马虎或弃而不做的。否则，不伦不类的树形就会产生，栽培果树目的不易达到，甚至栽树失败、建园失败。

图 4-1 自由纺锤形

(一)树形

1.自由纺锤形。适用于苹果、梨、李子等果树；适合于一般密度栽培。即栽植株行距为 3 米×4 米或 2 米×3 米。

树体基本结构为：干高 60 厘米左右，中心干较直立，其上每隔 15~25 厘米着生一个主枝，全树 10~15 个左右；

主枝不分层四周伸展，同侧主枝间距不少于60厘米；主枝上不分生侧枝而直接着生中小型结果枝组和中长结果枝。主枝角度70°~90°。

全树高控制在3.5米以内。

2.改良主干形。适用于梨树；适合于中密度栽培。即栽植株行距2米×3米4+1制，即每隔4行设一行4米行距。每亩(667㎡)可栽树100株。

树体基本结构为：干高60厘米左右，中心干挺拔直立，其下部分生3~4个主枝，上部不分生主枝而着生大中结果枝组；主枝基角60°~70°，腰角较小，梢角直立，整枝呈斜立姿势，其上不分生侧枝而直接着生中小结果枝组。全树高控制在3.5米以内。

图4-2 改良主干形(梨)

3.三干形。适用于苹果、梨、李子等果树;适合于高密度栽培。即栽植株行距1.5米×2.5米8+1.5制，即每隔8行设一个4米行距。每亩(667㎡)可栽树165株。

树体基本结构为:主干高60~80厘米,其上分生3个骨干枝;中心干直立挺拔,两侧干基角开张60°~70°,呈斜向上生长姿势;三干上都不分生侧枝,而是直接着生结果枝组和果枝。3个骨干枝在一个与行向垂直的竖平面上。即两个侧干垂直行向伸展。全树高控制在3米左右。其主要特点是两侧干的伸展方向是固定的。

4.中心干形。适用于苹果树;适合于高密度栽培。株行距同三干形或更密一些。

树体基本结构为：全树只有一个中心干且挺拔直立，距地面60厘米以上,轮生若干呈开张(趋于水平)姿势的细长小主枝。小

图4-3　三干形(苹果)　　图4-4　中心干形

主枝上只着生结果枝和小枝组。中心干的粗度比小主枝的粗度突出明显(3:1)。树高控制在2.5米以内。

5.Y字形。适用于桃树,适合于高密度栽培。即栽植株行距1.5米×2.5米8+1.5制,即每隔8行设一个4米行距。每亩(667㎡)可栽树165株。

树体基本结构:主干高20~30厘米,其上分生两个骨干枝,呈Y字形开心;骨干枝上不分生侧枝,其上直接着生结果枝组和结果枝。两干在一个竖平面上且与行向垂直,两干间(整体)夹角90°。全树高控制在2米以内。其特点与三干形一样,两侧干的伸展方向是固定的。

图4-5 Y字形

以上5种树形,除自由纺锤形和Y字形外,皆为绥中生产上开创树形。其中"梨树改良主干形简化修剪法及其配套栽培技术"2002年经专家鉴定为"国内首创,国内领先水平",并获辽宁农业科技贡献一等奖。三干形李子树、梨树及苹果树均有6年栽培史,中心干形苹果树及Y字形桃树有10年栽培史。

（二）苹果幼树整形修剪

苹果树的主要特性是：萌芽力强，成枝力强；顶端优势和垂直优势均强。宜采用自由纺锤形、三干形、中心干形 3 种树形。

1. 栽植当年的整形修剪

（1）定干与不定干。如果采用自由纺锤形和三干形树形，可选择定干。定干的主要目的是选留主枝，主要作用是使主干与中心干和主枝间有粗度差，从而使树体稳固。定干高度可依据苗木大小确定，一般 60~80 厘米。如果采用中心干形，则可选择不定干。但要求苗木一定是健壮且较高（1.5 米以上）的优等苗。

图 4-6　定干与不定干反应（右）

定干易抽生长势强的枝梢，且枝梢基角小，常有2~3个竞争枝梢。不定干，发芽率高，竞争梢和分生长枝少且枝梢角度自然开张。

（2）不抹芽。值得注意的是，不论是定干还是不定干，都不要像传统整形理论所说的那样，在发芽后，将整形带以下的芽梢抹掉。也就是说不要抹芽。这是因为新栽植的树枝叶（生长点）愈多，就愈有利于树干的加粗生长。

其实，一般下半部大都只发生叶丛枝梢和短枝梢，尤其是在上部呈优势生长态势时。当然，有时也可能抽生个别长梢。这时，一经发现其呈较强长势之时，可采取摘心的办法控制其长势，也可以干脆适时疏除。一般这类枝梢可在第二年自然枯干，若第二年仍有枝发芽时，可再将其疏除。

图4-7 疏除竞争梢

（3）处理竞争梢。及早及时处理竞争梢，是伴随生长整形修剪的第一个关键。竞争枝梢，既要与骨干枝（中心干与主枝）争夺营养和水分，从而耽误其向前延伸生长；又给冬季修剪对其如何处理造成麻烦，同时也浪费了树体营养。“既然竞争枝是负效的，何必让它长成。”这就是伴随生长修剪的理论之一。所谓及早处理，就是在枝梢刚好长成雏形之际就将其处理掉；所谓及时，就是一经看准（定论长势呈现出差异），就立即进行处理。当然，处理不等于去掉，而可能是或疏或利用。

处理方法其实很简单，主要有以下 3 种方法。

方法一：疏除。当所抽生的新梢较多，有良好的梢可供选留主枝时，就要对竞争梢实施疏除。疏除一个或是几个，依实际情况而定（见图 4–7）。

方法二：转主换头。当第 1 芽梢长势明显偏弱或因故破损时，便可利用竞争梢进行转主换头。

方法三：利用。当抽梢少时，甚至没有可供选留的主枝梢，就可以利用竞争梢选留主枝。但必须及早开角且角要大。

不论采取哪种方法处理，其目的只有一个——保证中心干始终处于绝对的优势生长态势。让中心干挺拔健壮，只有实现这一效

图 4–8　转主换头与利用

果,新栽植的树才能迅速升高生长;同时,也为整形修剪奠定了良好的基础。处理很容易,关键是要认真去做。

图 4-9 处理竞争梢预期效果

相反,如果不能及时处理竞争梢,以致放任生长,将会出现各种不伦不类的状况。待到冬季以至以后,将会很难处理。这是导致不良树形的主要原因。

值得一提的是,传统整形修剪中,曾有人提出采取抹芽措施消

图 4-10 未处理竞争梢可能出现的情况(1)

图 4-11　未处理竞争梢可能出现的情况(2)

除竞争枝,也就是将竞争枝消灭在萌芽之中。这个做法不可取:其一,因为第一芽不一定是最优质芽,尽管定干时剪口下选留的是饱满芽。其二,第一梢未必是最优良梢。其三,可能因某种原因(虫害等),致第一梢生长点破损。其四,即使扣掉一两个处于竞争位置的芽,其下部的芽仍将有可能代位竞争。所以,要在新梢已成雏形,优劣长势明晰时进行处理,方为稳妥(见图 4-7)。

(4)选定主枝并开基角。当新梢长到 20~30 厘米时,就要选定主枝,基本上是与处理竞争梢同步或稍晚些时日。第一年选留几个主枝,要依所采用的树形和每株实际发梢情况而定。自由纺锤形一般第一年选留 3~5 个主枝;三干形第一年要尽可能地将两个侧干选出;中心干形因其不定干萌芽多,一般不会抽生较大的枝梢,可疏除一些基角过小的梢,余者放任生长。

图 4-12　选留主枝梢

选留的主枝梢，其基角可能开张也可能不够开张，尤其是利用竞争梢作主枝。那么这时就要及时进行人工开角。很简单，用牙签支或细绳拉。这是伴随生长整形修剪的第二个关键。

如果是不定干者，除竞争梢外，所有梢其基角大都自然开张。

在选定了中心干和主枝后，多余梢要疏除，这是第三个关键。

经过疏除竞争梢、多余梢和选留供作培养主枝的梢，使主枝梢已

图 4-13　牙签支开基角

图 4-14　绳拉开基角

经呈自然开张姿势，但由于果树垂直生长优势和顶端优势的双重作用，主枝梢可能很快就会恢复直立生长态势。这时枝梢已经长长，牙签支无效，就要采取拉梢的办法进行开角。

拉梢开角不可以把梢拉平，而应呈斜向上姿势；尤其是必须要保持先端（梢尖部）向上生长态势。只有这样才能保证主枝梢的快速生长。

（5）扶持。虽然选择了呈优势的梢作为中心干梢，并已处理了竞争梢，但是，中心梢有时因某种原因也还可能呈斜向生长，或主枝倒平下倾。这时，就要进行扶持，以确保中心梢的直立向上生长态势。这固然只是个别情况，但也绝不可以忽略，否则这株树就不能正常长高且成为不良树形。也就是说，首先要绝对保证中心干呈直立无竞争生长态势；第二在保证基角开张的前提下，要绝对保证

图 4-15　扶梢

主枝处于无(其他枝梢)妨碍和先端斜向上生长态势。这就是果树定植当年,伴随生长整形修剪的基本要领。

做到了这一点,当年的整形修剪基本完成,果树就可以按照人的意愿去生长。

做到这一点,实际上很容易。它远比栽后放任生长,待到冬季时再进行整形修剪方便省工,而且是好处多多。

做到了这一点,定植当年树的高度就可达 2 米以上。之所以如此,其主要原因就是集中了营养,供应有效生长。或者说没有了无效(无用枝梢)生长,从而避免了营养的浪费。因此,实现了有用枝梢的快速生长。

当然,生长高(速)度,除修剪作用外,还与果树立地条件及栽培条件有关,这点将在后面章节专门论述。

图 4-16 当年生长高度比较

2. 第二年的整形修剪

(1)冬季不剪。做到了定植后当年的伴随生长整形修剪,经一年的生长,中心干挺拔直立,无竞争枝,无多余分枝;主枝基角开张,姿势斜向上,无多余分枝。对此类中心干和主枝:一不能短截,二无枝可疏。所以无需冬剪。

图 4-17 当年冬季树体状况

(2)不用刻芽。传统的修剪理论认为,对骨干枝不短截,会出现"光秃带"。其实恰恰相反,愈是直立健壮的枝,不短截其萌芽率就愈高。除基部几个隐芽和坏损芽外,几乎全都萌发,可以说接近100%。这是因为顶端优势与芽的异质性双重作用的结果。枝先端位置优势,芽容易萌发;枝中下部芽体饱满分化完全,质量优势,芽也易萌发。这样,各自利用优势,即营养均衡分配。

相反,短截修剪后,其剪口下易抽生几个强长势枝梢,而下部芽萌发较少或萌发而不成枝。这是因为短截剪去枝先端芽质较差(秋梢)的一部分,将顶端优势与芽优质集于剪口下的几个芽上,促使其优先萌发且新梢竞争生长,而下部的芽梢受到抑制,即营养偏向上分配。

如果对中心干和主枝进行短截修剪，其反应要比定干更加强烈;而且,愈是强健的枝反应就愈甚;短截得愈重反应也愈甚。这是

图 4-18　第二年春天枝干萌芽情况

因为树与苗不同，树根系已经舒展且树体内有贮藏营养，可供新梢的前期生长。因此，剪口下可能抽生几个强梢，且并驾齐驱地呈现出竞争生长。

如果对竞争枝梢在生长季未加及时处理，放任其自然生长，待到冬季修剪时，成了难题。疏除留下伤口，留橛等于留下后遗症，拉平利用最终可能还是多余的。这个现象在生产上始终是难以解决的问题。

同时，由于竞争梢的优势生长，对其下部的芽萌发起到明显的抑制效应。也是短截愈重，反应也就愈甚。这就是传统修剪中产生“光秃带”的原因所在。即使是采取刻芽的措施，由于不具备生长优势，虽然萌芽却也难以发出较长的梢。

（3）拉枝。虽然经过第一年的上述整形修剪，但有些主枝也可能不完全符合要求。有的可能较直立，有的可能太开张以致水平或下垂，有的可能偏离规定的伸展方向甚至是相反方向，这些问题就

图 4-19　冬剪中心干短截后第二年春天萌芽与抽梢

得通过拉枝来进行调整。显然,这与传统修剪中以开张角度为主要目的拉枝有所不同。

其一基角虽然已符合标准,但两主枝腰角过小,对中心干的生长构成威胁,所以需要适当拉开腰角。其二主枝太过直立,基角也小,所以需要适当拉开。其三腰角偏大,需要抬高腰、梢角。这样,就要依据每个主枝的具体情况,来决定采取哪种方法进行拉枝。所以,这里所说的拉枝,并非传统修剪意义上的拉枝。而实质上就是调整主枝姿势的整形过程。这里要注意两点:一是拉枝的时间或在定植当年的秋季新梢接近停止生长时或第二年春新梢开始生长时,二是拉开的角度使整枝与中心干呈45°角。而主枝头必须保持向上姿势,这是拉枝的基本原则。

图 4-20 主枝姿势

图 4-21 拉枝调整枝姿

主枝拉开角度的大小,将直接影响果树的扩大生长。定植后 3 年内,是长树作形的时期。如果将主枝拉平甚至下倾,不但树冠不能扩大,而且平斜枝背上还将抽生很多直立徒长梢,从而严重妨碍正常整形。

图 4-22　传统拉枝(过度)

(4)剪梢选枝。由于顶端优势的作用,未经短截的中心干和主枝,其先端仍然会发生竞争梢,但没有短截反应明显。所以,第二年新梢生长初期(5 月下旬),第一要务就是剪掉竞争梢或缩剪利用竞争梢,继续保持先端的无妨碍生长。

未经短截的中心干与主枝,其萌芽率几乎接近 100%。由于苹果树萌芽力强,成枝力也强。任其自然生长,有些枝将成为短枝和叶丛枝而及早停长,有些则会抽生中长枝。

如果采用自由纺锤形树形,需要在中心干上继续选留主枝,是很容易办到的。当新梢长到 20~30 厘米时,就要进行选梢。方法是,依据方位、间距选择要留做主枝的新梢的同时,或疏除或摘心其余的新梢。就是说,当新梢很多时,可适当疏除一些;缩剪利用竞争梢新梢不定时,可先保放长主枝梢留一些但必须对其进行摘心,如此既不妨碍被选留的主枝梢的加速生长,也保留了叶片,对树体生长有利,同时也可以将其培养成结果枝组。未经短截的中心干上发疏除主枝竞争梢生的梢,其基角大都自然开张,所以一般不必担心基角问题;如果一旦发现基角过小时,仍可采用牙签支的办法开角。

图 4-23 纺锤形选主枝

如果采用三干形树形,无需再在中心干上选留主枝,只需对中心干上抽生的呈继续

图 4-24 三干形整形修剪

生长态势的新梢进行调控：①过多者可适当疏除一些（基角小者）；②每隔 30 厘米左右留下一个角度开张（必要时可用牙签支开）的梢放长，备做结果枝母枝。

对主枝上发生的新梢，主要是背上直立梢，要及时进行控制：①可适当疏除一些；②扭梢；③弯梢；④摘心。切记，疏除、扭梢、弯梢之后，可能会疏或缩竞争梢再发生新的直立梢，对此要采取抹芽手段及时予以处理。即绝不允许有直立旺长的梢存在。

总之，第二年的整形修剪关键点有两个：一是保持骨干枝呈优势延伸生长态势，一旦先端出现弱势，随即缩剪至优势梢处；二是控制骨干枝上发生强长势的枝梢。实际上，这些工作并不复杂，工作量也不大。

如果采用中心干形，对所有留枝疏除新发出的竞争梢后，放任其生长，以备用做结果母枝。

由于上年栽植未定干发出十余个中短枝，第二年春萌芽后，一般先端可能发出一个，最多两个并不强势的竞争梢，将其疏除后新梢延伸生长，上年的枝上便可抽生叶丛枝或短枝而形成花芽。如此，第三年便可开花结果。由于发枝较多，其枝细弱与中心干呈显著粗度差；也是因为小主枝细弱，又未经冬剪短截，所以其上一般不会发生较大的侧分枝和背上直立旺长枝。因此，第二年的整形修剪就极为简便(只需处理一次竞争梢)。

①侧面　　②正面

图 4-25　中心干形整形修剪

3. 第三年的整形修剪

有了前两年伴随生长整形修剪的基础，第三年的整形修剪就更轻松了。主要任务是完成整形，同时转向对结果枝组的培养。尽管第二年缓放的枝有开花可能，但此时结果不是目的。

第一，要继续保持中心干和主枝先端的优势延伸生长，即要及时处理(疏除或利用)竞争梢；但是，由于连续两年的缓放，其先端可能会呈现弱势，对此要待新梢生长初期缩剪到强势梢的部位。这与冬季短截不同之处在于，虽然截短至饱满芽处但第一芽梢未必就能抽生强梢，即使抽生强梢，生长季仍然还得再次疏除竞争梢；同时也可能因为虫害（顶梢卷叶蛾梢叶蛾）而遭损害。所以，当可以确认优势梢时再进行处理方为主动。

第二，新梢生长初期，搞一次拉枝（调整伸展方向）。但必须注意的是，主枝的角度不可拉得过大，要保持与中心干呈 45°角左右的姿势。

第三，自由纺锤形选留上部主枝。对多余枝或疏除或拉平用做临时结果枝。

第四，三干形对中心干上预做结果母枝的长枝，可以将其拉开接近水平，但先端仍要保持向上生长态势（防背上徒长），切不可以使其下垂。目的在于使其发出叶丛枝和短枝，从而形成花芽。

第五，要随时对主枝或其他水平枝背上可能发生的直立梢，采用疏梢、扭梢、摘心等措施予以控制。

第六，随时疏除任何部位发出的无用梢。

总之，要通过长放不短截——扭梢——拉枝等手段，培养成长轴形、中小型结果枝组，在骨干枝上错落分布。将结果枝培养成长而平或斜向下姿势，结果后果实则可呈“灯笼状”下悬。

图 4-26　缓放水平枝反应（秋后落叶前）

纺锤形与三干形，三年基本完成整形。第四年将进入初结果期。

图 4-27 扭梢与圈枝反应(落叶期)

采用中心干形的苹果树，经过前两年的发枝缓放，在中心干上形成长、中、短且呈开张姿势的枝，其上已经形成花芽，因此第三年即可结果。修剪主要是控制少量徒长梢和无用梢，保持主枝先端向上生长态势。若先端下垂时，要及时缩剪至优势向上姿势的梢处(转主换头)。在小主枝上，培养中小结果枝。

图 4-28 中心干形成花状

4. 第四至五年的整形修剪

自由纺锤形和三干形苹果树，经过 3 年的整形修剪，一般第四年即可结果，进入初结果期。与中心干形相比，其之所以晚一年，是因定干所致。

虽然结果，但量较少，要采取迅速使其转向结果的修剪措施。由于树冠已达到设计高度，无需延伸生长，可对骨干枝先端放任而不必再去处理竞争梢。除非个别需要。对于在主枝背上发生的旺梢，要随时处理：疏除、扭梢，促使其形成花芽，培养成结果枝和结

图 4-29 中心干形结果状(3 年生)

果枝组。对任何部位发生的徒长梢和无用梢,要随时疏除。但一般情况下,尽量不使用环剥方法,尤其是不对主干和主枝进行环剥,以免导致树势过早衰弱。培养结果枝组和控制无用梢的发生,是此期间整形修剪的主要任务。

通过这些措施,第五年树形稳定成形,树体结构(结果枝组)搭配完毕。中心干上四周交错分布长轴形和中小型结果枝组,侧干上长轴枝组、小结果枝组及中长结果枝交错分布于干的两侧。

5. 第六年以后(盛果期)的整形修剪

进入正常结果以后的修剪,仍然是要在生长季进行。第一,适当时机可将中心干和主枝落头,人为控制使其维持在一定的高度和长度。第二是搞好枝组的培养与更新。第三是随时控制无用梢的发生,避免其形成强枝。这样既节省营养以供果实生长,又避免树冠郁闭,利于通风透光。

图 4-30 三干形树体结构(5 年生)

盛果期树的修剪,仍然要以生

长季为主。适度辅以冬季补充修剪:疏除生长季失控的无用枝,回缩细弱结果枝。

归根到底,就是要合理调节结果与生长的关系。既要维持足够的结果量,同时采用修剪手段,严格控制骨干枝的延伸生长。如此,树的扩冠生长就会得到有效控制。维持 20 年的结果期,基本不会

图 4-31　三干形结果状(6 年生)

出现全园密闭的问题，关键是真正做到按规则修剪。

三干形树形，由于骨干枝伸延方向是固定一致的，其株间没有主枝没有大的骨干枝；侧向投影呈扁形，所以一般不会交叉。1.5 米的株距，骨干枝上的枝组控制在 75 厘米以内；2 米的株距，骨干枝上的枝组控制在 1 米以内。这是很容易办到的。

(三)梨树的整形修剪

梨树的主要特性是：萌芽力强，成枝力弱；顶端优势和垂直优势均强。

图 4-32　三干形株间(侧向投影)

成枝力弱，是梨树区别于苹果树的主要之处；但顶端优势和垂直优势似乎又比苹果树略强。放而不截的枝极易抽生大量的短枝，所以，梨树比苹果树更容易提早结果与丰产。

当然，梨树中的不同品种，其成枝力和顶端优势也不一样。按其强弱顺序为：西洋梨——锦丰梨——秋子梨——白梨——沙梨（日本梨）。

梨树密植栽培宜采用三干形、改良主干形；一般密度栽培也可采用自由纺锤形。

1. 栽植当年的整形修剪

（1）定干与不定干。如果采用自由纺锤形和三干形树形，可选择定干。定干的主要目的是选留主枝，并使主干、中心干和主枝间有粗度差，维持树体稳固。定干高度可依据苗木大小确定，一般 60 厘米左右。如果采用改良主干形，则可选择不定干。但是，要求苗木一定是健壮且较高（1.5 米以上）的优等苗。

图 4-33 定干与不定干反应

定干易抽生强梢，且枝梢基角小，常有 2~3 个竞争枝梢。不定干，发芽率高，分生长枝少且枝梢角度自然开张。不定干可提早一年完成整形与结果。

（2）不抹芽。不论是定干还是不定干，都不要像传统整形所说的那样，在发芽后，要将整形带以下的芽梢抹掉，也就是说不抹芽。这是因为新栽植的树枝叶(生长点)愈多，就愈有利于树干的加粗生长。

其实，一般下半部大都只发生叶丛枝梢和短枝梢，尤其是在上部呈优势生长态势时。但是，有时也可能在基部抽生个别长梢，这是与苹果的不同之处。这时，一经发现其呈较强长势之时，可采取摘心的办法控制其长势，也可以干脆适时疏除(直立生长态势)。一般短枝和叶丛枝可在第二年自然枯干，若第二年仍有枝发芽时，可将其抹掉或抽梢时疏除。

(3)处理竞争梢。及早及时处理竞争梢，是伴随生长整形修剪的第一个关键。竞争枝梢，既要与骨干枝(中心干与主枝)争夺营养和水分，从而耽误其向前延伸生长；又给冬季修剪对其如何处理造成麻烦，同时也浪费了树体营养。“既然竞争枝是负效的，何必让它

图 4-34　处理竞争梢

长成。”这就是伴随生长修剪的理论之一。所谓及早处理，就是在枝梢刚好长成雏形之际就将其处理掉；所谓及时，就是一经看准（定论）其长势呈现出差异，就立即进行处理。

由于梨树垂直生长优势比苹果树更为明显，所以处理竞争梢就显得更为重要。当然，处理不等于去掉，而可能是或疏除或利用。

处理方法是：

方法一，疏除。当所抽生的新梢较多，有良好的梢可供选留主枝时，就要对竞争梢进行疏除。疏除一个或是几个，依实际情况而定。

方法二，转主换头。当第 1 芽梢长势偏弱或因故破损时，便可利用竞争梢进行转主换头。

方法三，利用。当（定干苗）发梢很少，有必要利用竞争梢选作主枝时，可以将其开角（尽量大些）利用。但不定干苗，由于竞争梢所处位置高，一般不能利用其做主枝，只可疏除或转主换头。

图 4-35　处理与不处理竞争梢效果

不论采取哪种方法，其目的就是一个——保证中心干始终处于绝对无妨碍的优势生长态势，让中心干挺拔健壮，迅速升高。相反，如果不对竞争枝梢进行处理而任其生长，多头竞争，不但中心干长不高，而且主

图 4-36　选枝支开基角

枝基角狭小，直立生长。按照传统冬季整形修剪时，即成难题，再若修剪不当（或疏枝或短截或放任），来年生长季再次放任，恶性循环，终将会成为不良树形。

（4）选定主枝并开基角。当新梢长到 20~30 厘米时，就要选定主枝，同时支开基角。选主枝一般与处理竞争梢同步进行。选留主枝的方法与数量，依所采用的树形而有区别。自由纺锤形当年可选留 3~4 个，三干形当年就要将两个侧干选出；改良主干形也于当年将主枝选出。对选留用作主枝的新梢，一般都要用牙签支开基角。梨树与苹果树有所不同，因梨树垂直生长势强，即使不是竞争枝梢，甚或是下部的枝梢，也往往因垂直向上生长而致基角狭小。所以，及早支开基角甚为重要。只要基角打开（60°以上），即使腰角直立，翌春拉枝开角也容易。否则，待来年再想拉枝开角时，易造成劈裂。

图 4-37　改良主干形

自由纺锤形与三干形选留主枝后再有多余的梢一般可疏除，也可摘心控制其长势；而已停长的叶丛枝或短枝梢可保留不动。

改良主干形在下部适当位置选留 4 个左右主枝（一次选够），中上部梢强者疏除，留者摘心。

2. 第二年的整形修剪

(1)冬季不剪。做到了定植后当年的伴随生长整形修剪，经一年的生长，中心干挺拔直立，无竞争枝，无多余分枝；主枝基角开张，无多余分枝。对此类中心干和主枝：一不搞短截，二无枝可疏。所以无需冬剪。

图 4-38 当年落叶后树体情况

(2)不用刻芽。传统的修剪理论认为,对骨干枝不短截,会出现“光秃带”。其实恰恰相反,愈是直立健壮的枝,不短截其萌芽率就愈高。除基部几个隐芽和坏损芽外,几乎全都萌发,可以说是100%。枝先端位置优势,芽容易萌发;枝中下部芽体饱满分化完全,质量优势,芽也易萌发。即营养均衡分配。

相反,短截修剪后,其剪口下易抽生几个强梢,而下部芽萌发较少或萌发而不成枝。这是因为顶端优势与芽的异质性双重作用的结果。而短截剪去枝先端芽质较差(秋梢)的一部分,将顶端优势与芽优质集于剪口下的几个芽上,加之梨树垂直优势明显,从而促使其优先萌发且新梢竞争生长,而下部的芽梢受到抑制。即营养偏向上分配。

图 4-39 第二年春萌芽情况

如果对中心干和主枝进行短截修剪,其反应要比定干更加强烈。而且,愈是强枝反应就愈甚;短截得愈重反应也愈甚。剪口下可能抽生几个强梢,且并驾齐驱地呈现出竞争生长。如生长季未加及时处理,待到冬季修剪时,就成了难题。疏除留下伤口,留橛等于留下后遗症,拉平利用最终可能还是多余。然而,这个现象在生产上却始终是困扰经营者的问题。

(3)拉枝。虽然经过第一年将主枝梢的基角已经用牙签支开,符合整形要求,但由

图 4-40 中心干短截修剪反应

于梨树枝梢垂直优势生长的作用，大都恢复直立（腰角很小）生长态势。这对加速生长使树冠迅速扩大是有利的，只要基角不小，就可以放任其生长。所以，梨树定植的当年，不要急于拉枝，否则将限制树冠的扩大生长。

第二年春季，梨树发芽后新梢生长初期进行适度拉枝，调整主枝的方位、腰角；如果主枝较短，也可暂不拉枝，待到秋季（停长）进行。拉枝的角度要使主枝整体与中心干保持在 45°左右，切记绝不可将其拉平以至下倾，否则不但背上必生徒长枝，而且主枝延伸生长受阻乃至停止，这是梨树较强的顶端（背上芽）优势与垂直优势决定的。

（4）剪梢选枝。由于顶端优势的作用，未经短截的中心干和主枝，其先端仍然会发生竞争梢，但没有短截反应明显。所以，第二年新梢生长初期（5 月下旬），第一要务就是剪掉竞争梢或转主换头，继续保持先端的无妨碍生长；但一般不要保留利用竞争梢做主枝或枝组。因为，竞争梢的存在将抑制下部成枝。

图 4-41　第二年拉枝

图 4-42　疏除竞争梢

未经短截的中心干与主枝，其萌芽率几乎达到100%。由于梨树成枝力弱，又加之发芽多，疏除竞争梢后，生长中心在骨干枝的先端，突出延伸生长。因此二年生的未经短截的骨干枝上绝大多数形成的都是中短枝，有的短枝形成了花芽。这对于改良主干形和三干形而言，因无需再在中心干上选留主枝、主枝和侧干上无需侧分枝，所以是恰到好处。

图 4-43 第二年骨干枝延伸生长

如果采用自由纺锤形树形，需要在中心干上继续选留主枝。由于中心干未经短截，其上一般很少发生长枝。其中的一些中枝用做选留主枝是足够的。待到第三年这些中枝自然就可培养成主枝。这样培养的主枝有两个优点：一是基角自然开张，二是粗度较细(与中心干相比)。

可见，第二年修剪量很小。只要疏除了竞争梢，似乎就可以放任其生长。但是，仍然要注意树体任何部位有可能发出的无用枝梢，一经发现随即处理。

由于骨干枝迅速延伸生长，中心干的高度和主枝的长度有可能接近以至达到设计(树形)高度。

3. 第三年的整形修剪

由于伴随生长修剪，消除了竞争枝和无用枝；对挺拔直立和先端呈向上的健壮主枝，一律不搞短截。为此，冬季无需修剪。

经过前两年的伴随生长整形修剪，梨树大多数品种第三年均可能初见开花并结果，但此期结果不是目的。完成整形，大量成花，是主要修剪任务。

图 4-44　第二年冬树体状况

第一,要继续保持中心干和主枝先端的优势延伸生长,即要及时疏除竞争梢;如果已经达到树高要求,则可放任不管。

第二,新梢生长初期,对不符合整形要求的骨干枝,搞一次拉枝造型(调整伸展方向)。但必须注意的是,主枝的角度不可拉得过大,其整体要保持与中心干呈45°角左右的姿态。

第三,自由纺锤形要在第一年形成的中心干部位选留中部主枝,多余者疏除。

第四,改良主干形和三干形,二年生骨干枝部位发出的生长枝梢,或疏除或摘心培养成结果枝组。

第五,骨干枝上任何部位可能发出的任何强旺生长势的梢,要随时疏除。

梨树由于成枝力弱,不搞短截的中心干和主枝上,一般大都是提早封顶的短枝,并形成大量花芽。

改良主干形和三干形,三年基本完成整形;自由纺锤形尚待下年继续完善。

4.第四年的整形修剪

梨树第四年已经进入大量结果期,生长量大为减少,所以修剪量也就相应减少。主要任务是培养结果枝组和控制无用梢的发生,同时调整主枝的姿势,角度小者拉开,腰角过大者支起。

图4-45 第三年发芽生长状况

图 4-46　第四年开花结果情况

总之要使其符合树形设计要求即：45°。这是调整骨干枝姿势的最后一关。之后，随着树龄增大，骨干枝增粗，其姿势也随之定型。

对于骨干枝的先端可暂时放任不管。

对于自由纺锤形树形，仍需在上部培养主枝，这很好办：疏掉中心干上部（需选留主枝部位）的所有花即可。

此外，务必要严格控制产量，以便牢固树体。

5.第五年以后的修剪

由于大量开花结果，生长量大为减少，不但冬季无需修剪，生长季的修剪量也大为减少。主要任务是调节骨干枝先端的长势：中心干适当时机可以落头；侧干和主枝先端或抑或促或变向，依实际状况而定。培养和调节结果枝组，或放或缩或疏。随时控制无用枝梢的发生，使树体结构保持明晰。

只要按规则进行伴随生长修剪，维持足够的产量，树体就会稳定。不管采取何种密度，丝毫不必担心“长不开”的果园郁闭问题。

图 4-47 五年生的梨树与梨园

（四）桃树的整形修剪

1. 桃树基本特性

(1)树冠特性。桃为落叶小乔木，树冠高约 4~5 米。自然生长时，中心干易消失而形成开张树冠。幼树生长旺盛，发枝多，形成树冠快，有利于早结果早丰产。一般 2~3 年结果，5~6 年可达较高产量。桃树寿命较短，在北方一般 20~25 年以后树势开始衰老，在多雨和地下水位较高地区或瘠薄的山地，一般 12~15 年即表现衰老。光照充足的地区，管理较好的果园 25~30 年还可维持较高产量。实生树比嫁接树寿命长。

桃的树姿由于不同品种，发枝角度的差异而有直立、半开张与开张的差别。直立性品种枝条强弱差异大，易成上强下弱，下部枝

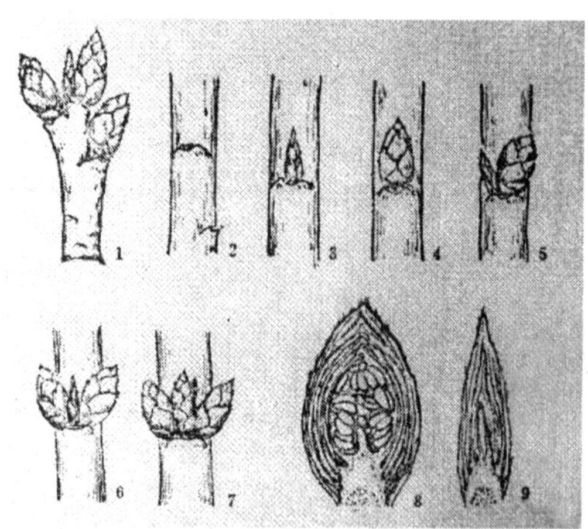

图 4-48 桃树芽的类型

1结果枝上的单芽 2隐芽 3单叶芽 4单花芽 5～7复芽 8花芽剖面 9叶芽剖面

易于衰亡而光秃。开张性品种枝条强弱差异小，树冠开张度大，盛果期后易于下垂而衰弱。一般以半开张性树便于管理，易于保持稳产、丰产。

（2）芽的种类。桃芽按性质分有花芽与叶芽两类。花芽属纯花芽，着生于新梢侧方叶腋内。桃树的枝条顶芽都是叶芽。一节着生一个花芽或一个叶芽时称为单芽，着生两个以上芽时称复芽。桃的复芽实质上是一个极短枝，是桃芽早熟性的表现。复芽中花芽与叶芽并生组合有多种，常见的复芽为一个花芽与一个叶芽组合的双芽和两侧为花芽、中间为叶芽的三芽并生。

单花芽与复花芽着生节位高低、数量比例与品种特性、枝的类型以及枝条着生处的营养光照条件有关。复花芽多，花芽着生节位低，花芽充实，排列紧凑是丰产性状之一。多数水蜜桃和蟠桃品种复花芽多，北方品种中多数蜜桃、硬桃和南方品种硬桃多单花芽。长果枝复花芽多，单花芽少，短果枝则以单花芽为多。同一品种内复芽比单芽结的果大、含糖量高。

桃的潜伏芽寿命较短，但不同品种也有差别。潜伏芽萌发力强、寿命长者老树易于更新。

（3）枝的种类。桃枝按其主要功能可分为生长枝与结果枝两类。生长枝按其生长势不同，又可分为发育枝、徒长枝和叶丛枝。发育枝生长强旺，粗度约为1.5~2.5厘米，有大量副梢。发育枝上和发育枝的副梢上虽能形成少量花芽开花结果，但其主要功能是形成树冠的骨架。叶丛枝极短，约1厘米左右，只有一个顶生叶芽，萌发时只形成叶丛，不能结果；当营养、光照条件好转时，也可发生壮枝，用作更新。生长过旺而虚弱的为徒长枝。

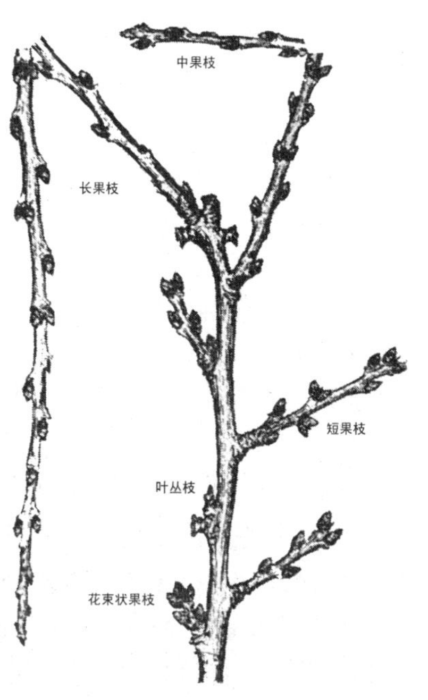

图4-49 桃结果枝种类

桃的结果枝，按其长度可分为徒长性结果枝、长果枝、中果枝和花束状果枝5类。

徒长性果枝生长较旺，一般花芽质量稍差，坐果率低，但也有不少品种徒长性果枝结实较好，应根据不同品种特性加以利用结果。由于其结果后仍能萌发较旺新梢，故常利用它形成健壮枝组。

长果枝生长适度，枝上花芽比例多，花芽充实，多复花芽，是多数品种的主要结果枝。于结果同时，还能发生生长适度的新梢，形成新的长果枝和中果枝，可保持连续结果能力。

短果枝和花束状果枝多单花芽，结果后发枝能力差，易衰亡。

不同品种的主要结果枝类型不同。一般成枝力强的南方水蜜桃和蟠桃多形成长果枝。如大久保、冈山白、玉露等都以长果枝结果为主。发枝力较弱的直立性品种则多以短果枝结果为主。

此外,因树龄不同主要结果枝类型也有变化。幼年树和初结果树以长果枝和徒长性果枝为主,而老树及弱树则以短果枝和花束状果枝为主。

(4)枝的生长与芽的排序。桃叶芽于萌芽展叶后,经过一段短期的缓慢生长,当气温上升后即转入迅速生长。不同种类枝条的生长节奏各不相同,即迅速生长的持续时间长短、迅速生长的次数和强度以及停止生长的早晚均有不同。生长弱的枝迅速生长期短,停止生长早;生长强的枝迅速生长延续时期长,停止生长晚,并表现有多次加长生长高峰,如发育枝常有三次生长高峰。不同品种生长节奏也不同。

由于桃芽为早熟性,发育枝、徒长性果枝及徒长枝等生长旺的枝,在主梢迅速生长同时,新形成的侧芽也萌发形成副梢。副梢上再发生的副梢称为二次(三次、四次)副梢。副梢发生与否和新梢生长速度有密切关系,当生长速度在一定限度以下即不形成副梢。伴随着新梢各次生长高潮,分批发生一定数量的副梢。副梢发生的数量和始发的节位与枝条种类、品种特性及栽培管理等因素有关。生长季后期肥水多,可促使上层副梢发生多而旺。

由于新梢生长节奏的差异以及新梢生长不同阶段所处环境(光照、营养等)的不同,造成了该新梢上叶腋内芽的性质(盲芽、叶芽、复芽)、芽的满饱程度以及结实能力的差异。果枝基部芽多盲芽、弱花芽、单芽,其结实能力差。短果枝上部和中果枝、长果枝的中上部多复芽,且花芽饱满,结实力强。

生长势强的枝,由于其生长期长和有多次迅速生长峰,其上着生的芽类型多。一般以并生复芽和叶芽占优势,不同芽类的排列可出现明显的区段。生长弱的枝,其生长节奏简单,芽类较单纯,节间短,多单花芽,少复花芽。桃各类芽排列的区段反映了新梢生长的节奏和所处的条件的变化。在负载量过多或肥水管理不协调的果园，有时见到生长节奏简单的果枝也会出现被盲芽隔断的区段，而在管理周到的桃园这种现象较少出现。生产上应根据品种特性，通过修剪调节枝条生长节奏，调节花芽和副梢着生部位，从而多形成有效的结果枝，使花芽尽量着生靠近果枝基部，以便于控制结果部位。

图 4-50　传统桃树形

2. 桃树传统树形

依据桃树的特性，桃树适宜采用低干矮冠，无中心干、开心形树形。生产上传统树形是“三股六叉”。即三主枝在主干上邻近或错落排列，按二叉式分枝形成 6 个二级主枝头，有的还分 12 个三级主枝头。树冠高 1~1.5 米左右。

图 4-51　传统整形修剪(3 年生)

3. 桃树的传统修剪

依据桃树的生长特性，传统修

剪理论特别强调了生长季修剪。然而,生产实际中,仍然是以冬季整形修剪为主,而且是以重短截方法为主。曾有一俗语"没有杀牛心,不能剪桃树"。于是,一到冬季修剪时,无论是骨干枝、发育枝,还是结果枝,一律对其实施短截修剪,而且是重截。导致三年四年不结果,五年六年才成形,七年八年达盛果。

实践表明,桃树的这种传统整形与修剪方式要改革:其一,树形要改变。其二,修剪方式(时期)要改变。幼树整形期,完全采取伴随生长整形修剪;结果期树要以伴随生长修剪为主,冬季修剪为辅。其三,修剪方法要改变。幼树整形期对骨干枝不短截,对发育枝基本不短截;结果期为调节生长与结果的关系,可适度采用短截与回缩方法。树冠要适度提高。

4. 桃树的新树形——Y 字形

树体基本结构:主干高 30±5 厘米,主干上分生两个"Y"形骨干枝。两干的伸展方向与行向垂直。两干间的角度呈 90°±5°,也即两干(主体)分别与地面的夹角为 45°左右。两干上不分生侧枝,直接着生中长形结果枝组和结果枝。梢角较直立,树高 2 米左右。

图 4-52　Y 字形(3 年生)

Y 字形树形的优点是：骨干枝的伸展方向完全一致，避免传统树形主枝不定向伸展而极易导致株间行间交叉。密者全园郁密，稀则浪费经济面积，且不利于果园作业。而两干定向一致伸展，又无侧分枝，其株间永远不会交叉；又腰角较小梢角直立，行间也不会

图 4-53 枝展一致的桃园(3 年生)

图 4-54　10 年生 Y 字形桃园行间(上)与株间(下)

交叉;从而方便果园作业。适合于高密栽培,株距 1.5~2 米,行距 2.5×3 米。

5. 幼树整形修剪

与苹果、梨等不同,桃树有其独特的生长与结果特性。因此,整形与修剪方法也与苹果树等有所不同。

桃树干性弱,萌芽率高、成枝力强,形成树冠快;结果早,衰老快。而且,桃树的潜伏芽寿命短,不易更新。桃树的新梢(发育枝)不但一年中有三次加长生长高峰,而且由于芽的早熟性,发育枝梢、徒长枝梢等生长旺的枝梢,在主梢迅速生长同时,新形成的侧芽萌发形成副梢;副梢上再发生二次、三次、四次副梢。也就是说,桃树的枝梢一年内可能有几次自然分生枝梢的能力。这与苹果树和梨树决然不同。桃树的这一生长特性,一方面对快长树早成形早结果有利;而另一方面极容易造成树冠郁密,影响通风透光。因此,桃树的生长季修剪就更为重要。

图 4-55 定干选枝

桃树定植后,40 厘米左右定干。待到新梢长到 20~30 厘米时,依照树体结构要求选梢定形。即截去中心梢,选留两个符合整形要求的梢用作两干。

如果梢的方位不符合伸展方向要求,可采用拉的办法将其调正;如果所选梢的角度不符合标准，那么也要采取支拉等方法对其进行调整；如果选留枝梢的下部还有多余梢，可以不疏除而对其实施摘心；如果所选留的两干随后呈直立生长，则要及时采用绳拉的办法予以调整；如果选留的枝梢呈下倾生长，则要采用立杆的办法将其支起。

要始终保持两干先端的延伸生长优势。如有竞争，及时去掉；如有坏损（如虫害、伤害等），要及时转主换头。对两干上发出的二次梢，背上直立者要疏除，余者放而不动。这些枝上将形成部分花芽。

如此，两干当年即可长到 1 米以上。

落叶以后，对两干不搞短截修剪，对两干上的枝（无直立枝）放而不截，也不疏除（幼树尽量多保留枝梢），如此，当然无需冬季修剪。

第二年发芽抽梢以后，首先要采取拉、支等方法，调整两干的方位，使其符合整形要求。

第二要继续保持两干先端的优势延伸生长，及时疏去竞争梢或缩剪选留优势梢作延长梢。

第三要随时剪去背上直立旺梢和其他部位可能发生的多余梢。

如此，第二年骨干枝仍可延长生长近 1 米。这样，骨干枝也就够长够高了。原未经短截的骨干枝上的枝梢将形成花

图 4-56 未短截枝开花情况（3 年生）

芽,第三年时就可开花结果了。

6. 初结果期的修剪

(1)伴随新梢生长修剪。由于树体结构非常简单,两年完成基本整形(骨干枝够长),第三年即可开始进入结果期。之后,每年都要于生长季节伴随着新梢生长高峰,进行3次修剪。结果初期,对于两个骨干枝,每年要利用副梢调节其伸展方位和保持其有一定的生长量。

第一次在萌芽后到新梢生长初期,进行抹芽、除梢,节约养分,从而减少无用枝梢对树体营养的消耗。可结合选留适当顶梢调整骨干枝延长枝的方向和开张角度,疏除主干上发生的无用新梢,缩疏未坐果的长果枝等。

第二次在新梢处于迅速生长期,约5月中旬到6月上旬,是处理竞争梢和徒长梢的有利时机。利用副梢适度回缩并调节骨干枝梢的方位,就是要依树形要求,骨干枝梢的先端要始终保持较直立向上生长的姿势,维持其适度的生长。如此,当新梢长达45~50厘米,骨干枝前部已发生较多副梢时进行。选择方向角度适宜的副梢作骨干枝的领头枝,剪去其前面的主梢枝,对选留作主枝梢的副梢以下(后)的新发生的副梢,竞争者疏除,余者予以摘心控制。

任何部位发生的多余无用直立旺梢必须及早疏除。当有空间需要保留利用时,可以摘心或留1~2个副梢进行剪截,或疏除副梢后扭梢下弯。一般以在迅速生长前期控制效果较好,5月中旬末发生副梢之时进行摘心,可抑制新梢增粗,促使形成花芽或降低花芽形成节位而成为有效果枝。迅速生长期摘心或剪截后激发的副梢,如果发生得早,也可形成副梢果枝,一般6月发生的副梢可以形成花芽。

第三次为新梢缓慢生长期,约7月中下旬(幼树有时延得更晚些),此时大部分长果枝及早形成的副梢已停止生长。对尚未停止生长的徒长性果枝和其他旺梢,再次进行剪截控制。将过密枝、无用枝疏除，改善树冠光照条件，促使营养转向花芽分化和果实生长。

(2)结果枝组的配备。桃树结果枝组是着生在骨干枝上的结果单位,按其来源,占有空间大小,包含结果枝的数量不同可分为大中小三类。大枝组由发育枝或徒长性果枝等壮枝梢培养而成,生长势强,占有空间大,由多数(10 个以上)分枝组成,结果量多,寿命长。小枝组一般由中长果枝等较弱果枝结果后培养而成,其分枝少(5 个以下),占空间小,结果少,一般 3~5 年内衰亡。中枝组介于二者之间，由徒长性果枝或健壮长果枝等培养而成。各类枝组在培养、发展、衰亡过程中可以相互转化。如无空间发展的大枝组可控制成中枝组,中枝组在条件改善时亦可培养成为大枝组,或相反控制成为小枝组。缺乏发展余地的临时性侧枝也可转为大枝组。

在整形修剪过程中,有计划地培养各类枝组,尤其是大中型枝组,是提高产量和预防秃裸的重要环节。一般在骨干枝第 2~3 年段开始培养内膛的大枝组。同方向的大枝组之间要保持 50~60 厘米、中枝组保持 30~40 厘米的间距,在大中枝组之间插空安排小枝组。枝组在骨干枝上的布局还应掌握两头稀、中间密;前面以中小型为主,中间和后面以中大型为主;背上

图 4-57　枝组配置

以中小型为主，背后及两侧以中大型为主。总的要以保证阳光通透,生长均衡,从属分明,高低参差,排列紧凑,不挤不秃为原则。

Y 字形树形,应以配置中小型枝组为主。

7. 盛果期树的修剪

桃树盛果期维持的年限,视管理水平、栽植密度、树形、品种而有较大差异,一般约 10~15 年。进入盛果期后树势趋向缓和,树冠扩大缓慢以至不再扩大;各类枝组齐全,树冠形状稳定;结果枝总数增加,产量上升;结果枝类型中先是中长果枝比例多,以后中短果枝比例增多。低年段骨干枝上的中小型枝组渐有衰亡,结果部位转向中大型枝组。

此期修剪的主要任务是维持树势,继续调节主枝长势的均衡,更新枝组,保持其结果能力,防止枝组老衰,防止内膛光秃;调节果枝数量,调节果实数量缓和生长与结果间逐渐激化的矛盾;仍然按照初果期伴随新梢生长峰搞好修剪,调节光照,保证一定的透光量(地面有花影)。

为了维持盛果年限,可适当回缩骨干枝,培养新的枝头。

图 4-58 10 年生桃园透光情况

8. 北方品种的修剪特点

许多北方品种表现为直立性强，易于上强下弱。主枝直立时不容易培养侧枝，表现为侧枝过弱和早衰，或是直立过旺而与主枝竞争；不易培养健壮长寿的大中型枝组；容易造成结果部位外移和下部光秃现象。因此，在整形修剪中注意低留主干，适当减少主枝数量；对主枝修剪应着重开张角度。利用副梢作骨干枝延长枝，使骨干枝缓慢上升。在主枝转折处培养大、中型枝组。对骨干枝应轻剪长放，缓和树势，防止先端生长过旺。多疏除竞争枝梢和先端旺枝梢，实行“疏前促后”，以缓和前强后弱、上强下弱现象，对中大型枝组的培养最好用先放后缩的方法，防止重截刺激发生旺枝。这些特性，恰好适宜 Y 字形树形。

在初果期，发育枝的副梢可以形成良好结果枝，应多留副梢结果，既能提前获得产量，亦有利削弱先端生长，克服上强下弱。

多数直立性品种以短果枝结果为主，应注意培养发生短果枝的基枝。如对壮枝长放，促使其上形成大量短果枝后再适当缩剪，采用放、缩、疏相结合的方法。对中长果枝应轻截，因其花芽节位较高，对五月鲜等复位芽梢多的品种，可适当短截，但仍应比一般南方品种要轻。

桃树有些品种多单芽，而且花芽节位高，花芽又易受冻，可待花后坐果稳定可靠时再行短截。对短果枝与花束状果枝则以疏为主。也就是说，即使需要短截疏剪时，也不能在冬季进行。

所以，无论是调节角度、均衡树势（防止上强下弱），还是用疏除或连续摘心方法处理控制竞争梢和枝组上方的直立旺枝，疏除内膛过密弱枝，增强树冠内光照，从而减轻树冠内小枝衰亡延缓秃裸，伴随生长修剪都是行之有效的方法。

传统修剪理论认为，桃树的枝条易枯死，所以提倡多用短截修剪，以便刺激其保持生长能力。其实，桃树的枝条之所以易枯死，是因为桃树新梢一年中有多次生长，因而枝梢过多。如此导致：①多次生长，活跃生长期时间长，枝条不充实。②生长点多，营养分配分散且消耗多，同样导致枝条不充实。③枝梢过多，树冠郁密，内膛光照条件极差，也同样导致枝条不充实。枝条生长营养不良，发育不充实，理所当然容易枯干。不短截并辅以伴随生长修剪，则完全解决了这些问题。

从理论上说，由于伴随生长修剪的人为控制：①不或少而轻短截，枝条生长势减缓，多次生长势减弱；②没有多余无用枝梢，营养分配集中于有用枝梢的生长发育；③避免了多余梢的产生，也就避免了树冠郁密，光照条件也就得以改善；同时，Y 字形树形，光照条件更好。

（五）李树的整形修剪

李为蔷薇科李属植物，分布于亚洲、欧洲和北美等地。已知的种和变种有 50 个上下。在中国栽培的有中国李、杏李、美洲李和欧洲李 4 种。20 世纪 80~90 年代，中国引进了许多美洲李和欧洲李新品种，同时也培育出一些新品种。因此，目前生产上大量栽培的大都是这些新品种。了解它们的生长与结果特性，对搞好整形修剪

图 4-59　10 年生亩产 7000 斤 Y 字形桃园

是十分必要的。

1. 生长结果习性

李为小乔木。中国李的树冠高度和宽度一般为4~5米左右。开张，多为半圆头形；少为直立性强的品种，在幼龄期呈圆头形或圆锥形。幼树生长迅速，3~4年开始结果，6~8年进入盛果期。李树的寿命及盛果期的长短，因种类、品种及栽培技术的不同而异。中国李在华北一带，其寿命可达30~40年或更长；而欧洲李和美洲李寿命较短，一般仅20~30年。

（1）芽。李树的芽有花芽和叶芽两种。叶芽尖瘦呈圆锥形，花芽圆而饱满。多数品种在当年生枝条的下部形成单叶芽，在中部形成复芽，在上部接近顶端又形成单叶芽。各种枝条的顶芽均为叶芽。花芽为纯花芽，发芽后只开花不抽生梢叶，一个花芽包含1~4朵花。叶芽萌发后抽生枝梢。

根据芽在节上的着生情况，可分为单芽和复芽。在1个芽位上只着生1个芽的称为单芽，单芽多为叶芽。在1个芽位上同时着生2个以上的芽称为复芽。两个芽并生的多为1个叶芽和1个花芽，也有2个芽都是花芽者。3个芽并生的，多数中间是叶芽，两侧是花芽，也有2个叶芽与一个花芽半列或3个花芽半列的。个别情况下，1个叶腋间内有4个芽者。

单芽和复花芽的数量及其在枝条上的分布，与品种特性、枝条类型以及枝条的营养和光照状况有关。同一品种内复花芽比单花芽结的果大且含糖量高。复花芽多，花芽着生节位低，花芽充实，排列紧凑是丰产性状之一。

李树新梢上的芽当年可以萌发，连续形成二次梢或三次梢。

芽的萌发力很强，通常绝大部分都能萌发；成枝力中等，一般延长枝先端发出2~3个发育枝（生长枝）或长果枝，以下则为短枝、短果枝或花束状果枝，故层性较为明显。

花束状果枝的顶芽遇到营养条件改善或受到某种刺激时，常能抽生发育枝或中、短果枝。李的潜伏芽寿命较长，极易萌发，至衰老期更为明显，因此利于更新。

(2)枝。李的枝条类型依其性质，分为营养枝(生长枝)和结果枝两种。

营养枝一般指当年生新梢，生长较壮，组织比较充实。营养枝上着生叶芽，叶芽抽生新梢、扩大树冠和形成新的枝组。其中处于各级主侧枝先端的为各级延长枝。幼树的生长枝经过选择、修剪，可培养成各级骨干枝，是构成树冠的基础。

结果枝即着生花芽并开花结果的枝。依据结果枝的长短和花芽着生情况，结果枝分为以下 5 种类型：

①徒长性果枝。长 1 米左右，枝条的下部多为叶芽，上部多为复花芽，副梢少而发生较晚。生长过旺，往往花弱果小，结果后仍能萌发较旺新梢。此类枝多发生在树冠内膛及上部延长枝上。

②长果枝。枝条长 30~60 厘米，枝条发育充实，一般不发生副梢。中部复芽较多，不仅结果能力强，而且还能形成健壮的花束状果枝，为以后连续结果打下了基础。此类果枝多发生在主、侧枝的中部。

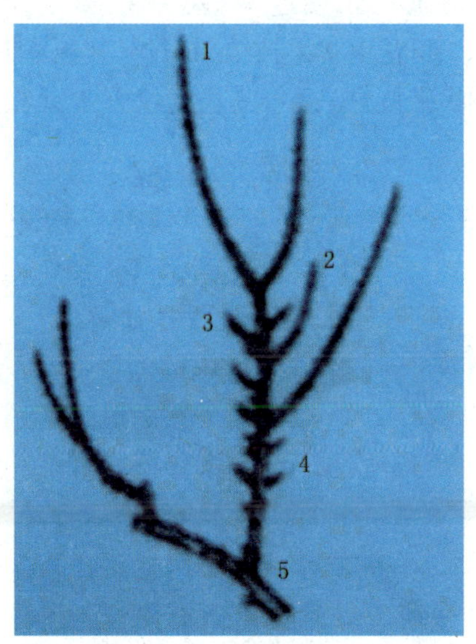

图 4-60　李果枝类型

1.徒长性果枝　2.长果枝　3.中果枝

4.短果枝　5.花束状果枝

③中果枝。长 15~30 厘

米，其上部和下部多单芽，中部多复芽。结果后也可抽生花束状果枝。

④短果枝。长 5~15 厘米，其上多为单花芽，复芽少。2~3 年生短果枝结实力高而可靠，5 年生以上结实力减弱。

⑤花束状果枝。长度在 5 厘米以下，除顶芽为叶芽外，其下为排列密集的花芽，节间短，组织充实。因花量大，开花时常呈束状，故得其名。花束状果枝粗壮，花芽发育充实，坐果多，果个大。但坐果过多，如结果 4 个以上时，会影响顶端叶芽的延伸，甚至枯死。

李在幼龄期，抽生发育枝和长果枝较多。至初果期，则多在骨干枝的中下部形成短果枝和少量中长果枝。其坐果率高，果个也大。随着树龄的增长，长、中、短果枝逐渐减少，花束状果枝的比重迅速增加，便进入了盛果期。

花束状果枝结果当年，其顶芽向前延伸很短，并形成新的花束状果枝，10 余年其长度仅有 2 厘米左右。结实力较高，寿命也长。

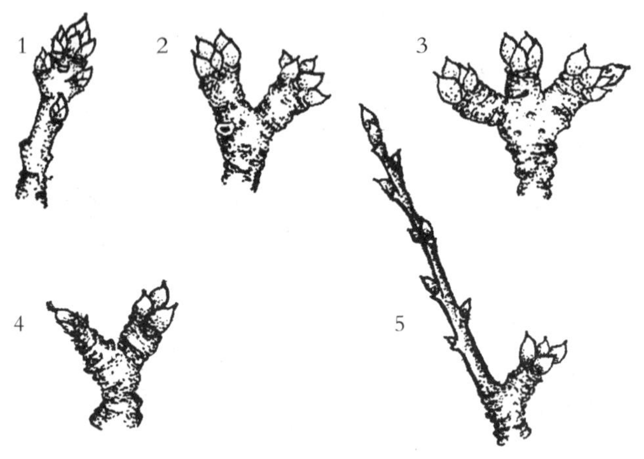

图 4-61　李花束状果枝群类型

1.花束状果枝　2.花束状果枝并生　3.三花束状果枝并生

4.花束状果枝与叶丛枝并生　5.花束状果枝与短果枝并生

在营养状况较好的条件下，其经济寿命能达10~15年之久。

因此其结果部位外移较慢，且不易隔年结果。4~5年之后，当其生长势缓和时，基部的潜伏芽常能萌发，形成多年生的花束状果枝群，大量结果。这也是李树易丰产的原因之一。但当营养不良生长势进一步下降时，则其中有的花束状果枝不能形成花芽，转变为叶丛枝。而当营养状况得到改善，或受到某种刺激时，其中的个别花束状果枝，也能抽生出较长的新梢，转变为短果枝或中果枝。有些发枝力强的品种，中、长果枝结果后，仍能抽生新梢，形成新的中、短果枝和花束状果枝，发展成为一个小型枝组。但其结实力不如由发育枝形成的枝组强。

生长旺盛的树，也易发生副梢。其中发生较早而充实者，也能

图4-62　李各类枝结果情况

1.花束状枝(欧洲李)，2.中果枝，3.花束状枝，4.长果枝，5.短果枝(美洲李)

形成花芽。

李结实的主要部位为着生于2年生以上健壮枝上的短果枝和花束状果枝，而中、长果枝坐果率很低乃至不坐果。但不同的种类，也有区别。中国李的主要结果枝为花束状果枝和短果枝；而欧洲李和美洲李则以中、短果枝为主。

花束状果枝的质量，依其发生的节位不同而有异。同一枝条以上、中部节位形成的花束状果枝多而健壮，花芽饱满，而低节位的花束状果枝，芽瘦小，坐果率低。花束状果枝寿命很长，连续结果能力很强，但以2年生以上枝条上的花束状果枝结果最好，5年生以上的坐果率明显下降。因此，通过修剪等措施，尽快在2年生以上健壮的骨干枝上培养大量的短果枝和花束状果枝，是李树早期丰产的关键。花束状果枝的顶芽为叶芽，每年靠顶芽生长延伸，因此不能回缩，否则结果后死亡。李树的不定芽萌芽率高，多年生枝干重回缩修剪后，都能刺激不定芽的萌发，抽出较旺的枝条。

2. 传统树形

（1）自然开心形。树体基本结构：干高30~50厘米。主干上3个主枝，层内距10~20厘米，以120°平面夹角分布配置，按35°~45°角开张，每个主枝上留1~2个侧枝，在主枝两侧向外斜方向发展。无中心干。

图4-63 开心形

（2）小冠疏层形。树体基本结构：干高40~60厘米，有中心干，第一层3个主枝，层内距15~20厘米。第二层2个主枝，距第一层主枝 60~80 厘米，而且这 2 个主枝与第一层 3 个主枝插空选留，以上开心。每个主枝配置 1~2 个侧枝。

（3）细长纺锤形。树体结构：主干高 50~60 厘米，树冠直径 3 米左右，在中心干上培养 10~12 个主枝，主枝与中心干夹角 70°~90°，主枝近似水平，向四周伸展，主枝在中心干上没有明显层次，主枝间保持 10~15 厘米间距，同侧主枝间的垂直距离不少于 50~60 厘米，下层主枝长 1~2 米，上层主枝逐渐缩短，外形呈纺锤形，在各主枝上直接配置中小型结果枝组。

（4）其他树形。在历史上，也曾有过两层疏散开心形及多主枝丛状形等。

在生产实际中，李树的整形修剪，远落后于苹果树和梨树。符合标准和规则的树形几乎很少。

3. 新树形

三干形。其树体基本结构：干高 40 厘米左右，其上分生 3 个骨干枝，即 1 个中心干和 2 个侧干，排列在一个竖平面上，与行间垂直。侧干基角 60°~70°，腰角 30°左右，梢角基本直立；侧干的整体与中心干或地面呈 45°角。3 个骨干枝上均不分生侧枝，只配置结果枝组。树高控制在 3 米以内。

图 4-64　生产上常见的李树形

三干形是专门为高密栽培而设。株距 1.5 米,行距 2.5 米,每 8 行中设一个加宽(1.5 米)行用于作业道,行向为南北走向。每亩可栽树 165 株。

4. 定植当年的整形修剪

(1)定干。定干高度 40~50 厘米。

(2)不抹芽。即萌芽后对整形带以下萌发的芽不抹掉。

(3)处理竞争梢。疏除、利用、转主换头。及时及早处理竞争梢,在李树整形中尤为重要。也可以说,处理好竞争梢,是决定整形成功与否的第一关键。

(4)选留主枝。在处理竞争梢的同时,进行选留中心干和侧干。

首先要了解,不同种类不同品种的李树,其萌芽与发枝(梢)情况是不同的。

中国的秋红(龙园秋李)萌芽力较强,成枝力既强也弱。萌芽力强表现在枝条的先端,短截疏枝的剪口下密集的芽一齐萌发一齐生长,呈簇生状;成枝力既强也弱,正因为簇生,新梢既长也细弱,无突出强势的中心梢。因此,对其要及早选定中心梢,随即疏除所有的周边竞争梢;选留的主枝周围的多余梢也同样要疏除。

美洲李黑宝石,萌芽力中强,成枝力较强。新梢易呈多梢竞争生长。对此,也要以疏为主处理竞争梢。

欧洲的梅李萌芽力强,成枝力弱。萌芽力强表现为直立枝不短截其萌芽率近 100%;成枝力弱表现为长放的直立枝上大都形成短枝,抽生中长枝梢很少,但短截(定干)剪口下则可抽生几个旺梢,且生长势强劲。

不论哪种类型,选留骨干枝梢的方法都是一致的:在选定了中心干和主枝梢(侧干)后,先行处理竞争梢,继之以疏为主处理多余梢,也可保留一些,对其予以摘心控制长势。中下部的叶丛梢一律保留。

选枝的时机，要在新梢旺盛生长之前。

（5）开角与扶梢。当选留的主枝（侧干）基角较小时，用牙签将其支开，梢较长时用绳拉开。当中心干梢表现细弱或倾斜时，要进行扶梢，以保持中心干梢呈直立优势生长态势。

（6）及时疏除无用梢。一旦树的任何部位尤其是基部突发出无用梢时，要随时将其疏除。

（7）调整枝姿势。完成了前述 6 项工作，骨干枝呈优势生长，当年高度可达 2 米以上。但由于垂直优势的作用，虽然对主枝（侧干）已开基角，但很快就会恢复垂直生长，这是好事，因为可以快速长

图 4-65 选留骨干枝梢（秋红）

图 4-66　选留骨干枝梢(黑宝石)

图 4-67　选留骨干枝梢(梅李)

图 4-68 开角扶梢及开角预期效果

树、及早成形。对此,要于秋季新梢基本停止生长期,也可待第二年的春季萌芽后新梢旺盛生长前,对骨干枝搞一次全方位的姿势调整,使其符合整形要求(伸展方位、角度)。这项措施非常重要,务必搞好。

5. 第二年的整形修剪

图 4-69 调整主枝(侧干)姿势

由于生长季的伴随生长整形修剪,不存在竞争枝和无用枝;而且对骨干枝不搞短截。所以,冬季无需修剪。

未经短截的枝,除基部几个隐芽外,萌芽率可达 100%,绝大多数都将成为短枝和叶丛枝进而形成花束状果枝。

第二年的修剪非常简单:

第一,骨干枝先端处理。第二年骨干枝先端的抽梢情况,因品种及长势的不同,而有所不同。有的品种先端可能易抽生一两个竞争梢,第一年生长不是很高的树也可能抽生竞争梢,此种情况要疏去竞争梢;但如果骨干枝第一年的加长生长量大,则先端比较细弱,顶端优势不明显,对此待到萌芽后抽梢时,选择在呈优势生长的新梢前部回缩,也就是说要转主换头;同时疏除下面可能会成为

图 4-70　第二年发芽与抽梢

竞争的新梢。总之一个原则:确保骨干枝的优势延伸生长。

第二,控制并利用骨干枝上发出的强梢。虽然骨干枝上萌发的芽大都将成为短枝和叶丛枝,但仍有一部分会长成为中长梢。对这部分梢,既要保护又要加以控制。保护的目的是要培养成为中、大枝组,控制就是避免其成为强旺枝。具体办法就是当其长到 30~50 厘米时,对其或开角(尽量大些)或摘心。摘心要在 7 月份之前进行,即进入 7 月以后就不要摘心了。

当然,如果采用的是纺锤形等树形,可以利用中心干上发出的生长梢,选做主枝。

第三,随时疏除树体任何部位突发的无用梢。

此外，第二年还有一个补充培养侧干（主枝）的问题。李树在第一年的生长过程中，虽然经过人为伴随生长整形修剪，但仍有一部分树，可能是很少数，其侧干(主枝)出了问题。如作业时人为碰掉碰坏了；虽然选留了主枝但生长弱或及早停长成了中短枝；只抽生两个可做侧干的梢但伸展的方位偏了甚至在相同方位上。

对此，要在第二年春天发芽抽梢时补充培养和调整。

6. 第三年的整形修剪

图 4-71　补充培养与调整

第三年已经开始结果，但由于树龄枝龄低，开花不少但坐果率较低，所以形成不了足够的产量。主要任务是完善整形：对不符合整形要求的骨干枝姿势再次进行拉或支调整，培养结果枝组，控制并随时处理树体任何部位可能发出的无用梢；对需要继续延伸生长的骨干枝，仍然像第二年一样进行处理；相反，对够高够长的骨干枝，无论先端发梢情况如何，均可放任不管。

如此，当年全树形成大量的花芽。

7. 第四年以后（盛果期）的修剪

第四年开始进入盛果期。修剪任务是：适当时机对中心干落头，调节骨干枝先端的或伸或缩将其控制在一定的长度，继续培养大中型结果枝组，随时处理树体任何部位可能发生的无用梢。固然，这些仍要在生长季进行。

如果不依照伴随生长进行整形修剪，栽植后放任生长，冬季进行短截疏枝，那么第二年就成为“一头乱发”；第二年冬再行短截疏

图 4-72　4 年生梅李结果状

图 4-73 传统修剪第二年生长状况

枝，第三年仍将是乱枝满树。不但难以成形，而且结果将大大推迟，最终整成不规则的树形。

(六)杏树的整形修剪

1. 生长特性

杏在自然生长条件下为高大乔木，高可达 10 米以上。在核果类中，杏树具有结果早而寿命长的特点。一般寿命可达百年以上。杏树在定植后 2~3 年即开始结果，10 年左右进入盛果期，在适宜条件下，盛果期较桃为长。

杏树的生长势次于桃树，但在幼树期生长也很快，新梢年生长量可达 2 米。随着树龄的增长，生长势渐弱，一般为 30~60 厘米。在整个生长期内，可出现 2~3 个生长高峰。

杏树具有早熟性的芽，当年形成后，条件适宜即可萌发。通常在生长良好的情况下，一年内可发出 2~3 次分枝。利用这个特性，提早形成树冠并早期结果是完全可能的。

杏的萌芽力和成枝力，在核果类中是较弱的。尤其是在山地或瘠薄土壤上的杏树，由于养分水分的缺乏，芽的萌发力很弱，在枝条基部的芽往往不能萌发而成为潜伏芽。潜伏芽的寿命可长达 20~30 年，当条件适宜时(如回缩大枝后)，即可萌发为更新枝。

在核果类中，杏芽的休眠期最短，也就是解除休眠状态较早。因而春季萌芽比桃、李等都早，故易遭晚霜危害。植株生长旺盛，可显著减低花芽遭受冻害的程度。因为生长旺盛的新梢一般停止生长较晚，相应地花芽形成和结束休眠也较晚。因此在冬末和初春遇到短暂的温暖气候，其花芽不会萌动并开花较迟，从而可以躲过晚霜。反之生长弱则往往会出现冻芽现象和开花较早、霜害较严重。根据这一特性，必须注意如何使杏树的生长保持健旺状态，并使叶片在晚秋未遭霜冻之前不早期脱落，以期累积贮藏大量营养物质，这不但有利于枝芽顺利越冬，而且还能进一步促进根系生长，从而为越冬和春季生长发育奠定良好基础。

杏芽呈单芽或二三芽并生。单生花芽往往在新梢或副梢的顶端，坐果率不高。单生叶芽多在枝条基部和顶端；三芽时，两旁为花芽，中间是叶芽，这种排列的复芽坐果率高而可靠。枝条叶腋间芽排列与品种有关。在同一品种中，叶腋间并生的数目与枝条长度有关，枝条越长，并生芽的数目也越多，个别情况可出现 4 个芽。在一个枝条上，上部多生单芽，下部多生复芽。

根据花芽的着生情况和枝的长短，可分为长果枝、中果枝、短果枝及花束状果枝 4 类。结实力以短果枝及花束状果枝较强，但寿命短，一般不超过 5~6 年。

杏花芽为纯花芽，每芽一朵花。由于枝条上并生芽较多，所以每年开花很多。但开花多结果少，甚至没有产量。一般坐果率只有 3%~5%。这是因为杏花的特点造成的。杏花有 4 种类型：①雌蕊长于雄蕊；②雌雄蕊等长；③雌蕊短于雄蕊；④雌蕊退化。在 4 类中，前两种情况可以正常开花结果。第三种花有受粉的可能，而雌蕊退化花不能受精结果。

退化花虽因品种有所不同，但更重要的是在同一品种中，由于树势强弱不同，退化花所占比率也不一样。通常是树势越强，退化花越少。树势强几乎没有退化花，而树势中等的，其退化花可达 7%~10%。果枝类型也与退化花多少有关。一般规律是：短果枝少（9%）中果枝和长果枝较多（24%~30%）。在同一枝条上，不同部位，表现也不一样。退化花秋梢多于夏梢，夏梢又多于春梢。而春梢上不同节位所出现的退化花也有差异，越靠近基部退化花越多。说明营养条件与退化花形成的比率有密切关系。因此，杏树的低产与杏花易受冻，影响结果之外，与树年龄、树势和营养状态等均有直接关系。

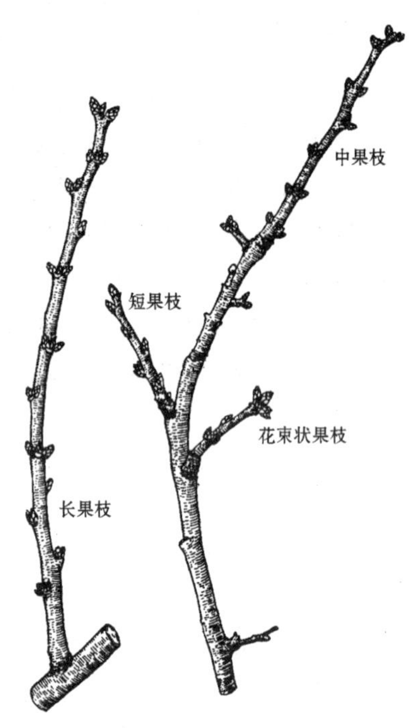

图 4-74　杏的果枝及芽的分布

2. 杏树树形

杏树如任其自然生长，则形成自然圆头形树冠。在生产实际中，也的确是很少能够见到较规则的树形。

杏树不仅是成枝力弱，而且是枝梢细弱，垂直优势生长力差。所以，很难自然生成中心干。如果不加以人为整形，必然形成不良树形，甚至成丛状形。

图 4-75 自然杏树形

图 4-76　不良杏树形

杏树的树形可采用小冠疏层形、自由纺锤形和三干形。

小冠疏层形树体基本结构：干高 40~60 厘米，有中心干，第一层 3 个主枝，层内距 15~20 厘米。第二层 2 个主枝，距第一层主枝 60~80 厘米，而且这 2 个主枝与第一层 3 个主枝插空选留，以上开心。每个主枝配置 1~2 个侧枝。

该树形适合于普通密度栽培,一般株行距 3 米×4 米。

自由纺锤形树体基本结构:干高 50~60 厘米;在中心干上培养 15 个左右主枝,主枝与中心干夹角 70°~90°,基部较小,上部渐大;主枝在中心干上没有明显层次,主枝间保持 10~15 厘米间距,同侧主枝间的垂直距离不少于 50~60 厘米;下层主枝长 1.5 米左右,上层主枝逐渐缩短;在各主枝上直接配备中小结果枝组。

该树形适合密植栽培,一般株行距 2 米×3 米。

三干形树体基本结构:干高 50 厘米左右,中心干直立,与两侧干在一个竖平面上,并与行向垂直。两侧干基角 70°左右,整体与地面呈 45°角。中心干与两侧干上不分生侧枝,直接培养中小结果枝组。

该树形适合于高密度栽培,株行距 1.5 米×2.5 米。成片栽植时每 8 行设一加宽(1.5 米)行。

3. 幼树整形修剪

定植当年的整形修剪最为关键。

杏树的新梢细弱,垂直生长能力差。栽植定干后,即使是剪口下第一芽梢也不垂直向上生长,且几乎所有新梢都呈开张姿势。这就是如果任其自然生长而无中心干或呈丛状形的原因。为此,新栽树要想培养成有中心干的树形,必须人为扶持。

扶持方法很简单,当新梢长到 30 厘米以上时,立一竹竿,将选作中心干的新梢绑缚竿上使其呈直立姿势。之后,当中心梢继续升高生长到 60 厘米左右时,再次进行绑缚,并且实施摘心。

摘心的目的,一是令中心干梢暂时停止生长加速木质化,促使其加粗;二是使中心干有尖削度,从而使中心干牢固。

这项措施,对于杏树整形至关重要。“扶梢”结合摘心,是培养杏树有中心干树形的前提和基础。

中心干梢摘心以后,过段时间将再次生长。这时,为了保持中

图 4-77 新栽杏树新梢姿势

心梢的无妨碍上升生长，要及时疏除竞争梢。这与其他果树处理竞争梢的道理与方法是一致的。这也是当年修剪中的一项重要措施，只有如此，才能保证中心干梢的优势生长，使其达到它应有的高度。同时，对主枝或侧干也要进行扶持，使其按照整形要求的方位角度及姿势来生长。

一般经过两年的扶持，树冠基本成形。

对于其他骨干枝的选留，依据所采用的树形而有别。

小冠疏层形与自由纺锤形，当年在选留的中心梢下部的新梢中，选出 3 个生长势较强、分布较为均匀的新梢作为第一层的 3 个主枝；三干形则选留两个角度适宜，邻近且伸展方向符合整形要求的新梢，培养两个侧干。余者或疏除或摘心控制其生长。

所选留的主枝梢，要保持其适宜（符合整形要求）的延伸姿势。当其角度过大甚至下倾时，要及时将其先端用绳拉起。即用绳的一端绑住枝梢的前部，另一端绑在竿上斜向挂起。总之要始终保持骨干梢的先端呈斜向上旺盛生长态势。

落叶后，只要中心干和侧干或主枝的先端部分健壮良好无损，姿势符合整形要求，则不对其进行短截修剪。第二年春季发芽抽梢后，首先处理好竞争梢，继续保持骨干枝的延伸生长优势。

小冠疏层形依据整形要求，选留侧枝和中部主枝，其他多余呈旺长态势的新梢或疏除或摘心控制其生长。三干形除保证骨干枝绝对优势延伸生长外，其他发生的旺梢或疏除或摘心控制其长势。长放不短截的骨干枝，第二年的萌芽率很高，而大都形成短枝，一

图 4-78 扶梢与摘心

图 4-79　放长反应

般发生的旺长势的新梢不会很多。

第三年对骨干枝一般仍然不搞短截，先端若呈弱势破损等情况时，可进行轻剪截。继续处理竞争梢，保持骨干枝的延伸生长；小冠疏层形和自由纺锤形继续选留上部主枝，三干形控制任何部位的强梢，可通过拉枝、摘心、弯枝等措施培养结果枝组。第三年基本完成整形。

4. 结果期树的修剪

随着树龄增长，结果渐多，发枝力减弱，一般不会使树冠过于郁闭，应当短截果枝、疏除多余果枝、无用枝梢及回缩结果枝结合运用。长果枝可依生长势强弱留 15~30 厘米短截。衰弱的结果枝应进行不同程度的回缩更新，否则易于衰亡而引起枝干秃裸和退化花增多。过密的花束状枝，可适当疏剪。到盛果期之后，应加强结果枝组的更新修剪，使之不断形成新果枝，尽量延迟衰老，同时应注意培养近基部的徒长枝，避免空膛现象。

根据副梢上花芽分化较晚，花期延迟的特点，在晚霜危害严重的地区和品种，可以试行冬季重剪加夏季摘心的措施，培养大量的副梢果枝，延迟花期，避免霜害。

图 4-80　三干形杏树园

（七）樱桃树的整形修剪

1. 樱桃树的枝芽特性

樱桃属于小乔木或灌木型果树，主要有中国樱桃、甜樱桃、酸樱桃和毛樱桃 4 个种类。栽培中以甜樱桃为多。甜樱桃，也称西洋樱桃、大樱桃。樱桃树体比较高大，生长健壮，干性强，层性明显，树冠呈自然圆头形或开张半圆形，一般中国樱桃比甜樱桃树冠矮小；在甜樱桃中，品种不同树冠大小也不相同，成枝力强的品种（如大紫）树冠较高，成枝力弱的品种树冠较矮小。

樱桃的芽分为叶芽和花芽两类，不论枝条的性质如何，樱桃枝条顶芽都是叶芽，而侧芽有的是叶芽，有的是花芽，因树龄和枝条生长势不同而不同。叶芽瘦长、尖圆锥形，是形成新枝条、扩大树冠的基础；花芽为纯花芽，肥圆、尖卵圆形，每个花芽能开 2~7 朵花，多数为2~3朵花，呈伞形花序。

樱桃有别于其他核果类果树之处是，其侧芽都是单生的，每一叶腋中只形成1个叶芽或1个花芽，没有桃李杏那样的并生复芽。因此，管理上稍有不慎即易形成光秃带，致使结果部位迅速外移。

樱桃的萌芽力，因种类、品种与树龄有关。中国樱桃萌芽力最高，1年生枝上的芽几乎全部都能萌发。甜樱桃萌芽率较低，但大紫萌芽率较高，那翁其次，养老萌芽率最低。随着树龄的增大，生长变弱，萌芽力有逐渐降低的趋势。

甜樱桃的芽常具早熟性，有的在形成当年即能萌发，形成二次枝。

樱桃的枝条可分为生长枝和结果枝两类。生长枝的顶芽以及各节位上的侧芽均为叶芽，其作用是抽梢展叶，制造有机养分，扩大树冠和形成结果枝，树体生长和年龄时期不同，植株抽生长枝的能力也不同。幼树和生长势较强的树形成生长枝的能力较强；进入盛果期和树势较弱的树，抽生生长枝的能力越来越弱。

结果枝按其长短，可分为混合枝、长果枝、中果枝、短果枝和花束状果枝。

混合枝：长度在20厘米以上，其顶芽及中上部大部分侧芽为叶芽，只有枝条基部几个侧芽为花芽，既能发枝长叶，又能开花结果。这类枝上花芽质量较差，坐果度低，果实成熟晚，品质差。

长果枝：长度为12~20厘米，除顶芽外及其邻近几个侧芽为叶芽外，其余侧芽均为花芽。这类枝条结果后，中下部光秃，只有顶端几个芽继续抽生长度不同的果枝。在初果期树上长果枝较多。

中果枝：一般长5~15厘米，除顶芽为叶芽外，其余全都是花芽。一般多分布在二年生枝的中部，数量不多，不是主要的果枝类型。

短果枝：长度在5厘米以下，通常着生在二年生枝的中下部，

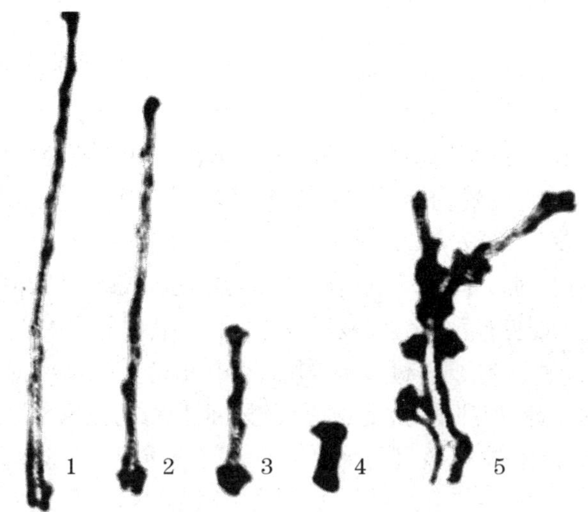

图 4-81　樱桃结果枝类型

1.混合枝　2.长果枝　3.中果枝　4.短果枝　5.花束状果枝

数量较多,除顶芽为叶芽外,其余全部为花芽。短果枝上的花芽发育质量较好,坐果率高,果实品质好。

花束状果枝:长度 1~2 厘米,除顶芽为叶芽外,其余均为花芽。花芽紧密成簇分布。该类果枝花芽质量好,坐果率高,果实品质好,是多数樱桃品种树的主要结果部位。

2. 樱桃传统树形

樱桃树的整形主要依据种类以及气候条件而有所不同，生产上传统的樱桃树形有以下几种:

(1)自然丛状形。中国樱桃和酸樱桃树势较弱,一般采用自然丛状形,主枝 5~6 个,结果枝着生于各主枝上,经常利用萌蘖进行主枝的更新。

(2)自然开心形。根据大连地区生产实践,认为甜樱桃的树形以自然开心形较适宜,成形快,修剪量轻,结果早,管理便利,有利防风。

树体结构:干高 30~40 厘米,全树有 3~4 个主枝,最后去除中心干即为自然开心形。

整形过程:第一年在 45~60 厘米处定干,第二年对发出的枝留 60 厘米左右短截,不足 60 厘米的可以不剪,中心干延长枝留 70~80 厘米短截,第三年采用同法短截,第四年以后选第三、四主枝及下层侧枝。对过密及直立的枝可以适当疏去一部分。因甜樱桃幼树枝条生长旺盛,直立性强,栽后 4~5 年内要暂时保留中心干。

(3)主干疏层形。过去多采用此种树形,特别是干性明显,层性较强的品种,如那翁等,能长成大树。但因修剪量较大,常延迟结果,同时树体高大,管理与采收不便,又易招致风害,故多风地区不宜采用。

树体结构:干高 40~60 厘米,分 4~5 层,第一层 3~4 个主枝,第二层 2 个,第三、四层或五层各有 1 个主枝。一、二层间距为 60 厘米,二、三层层间距为 40~50 厘米,三、四层间距为 30~40 厘米,四、五层间距为 25 厘米左右。每个主枝留 1~3 个侧枝。全树 6~8 个主枝。

整形过程:第一年春,定干高度 60~80 厘米,第二、三年选出第一层 3~4 个主枝及中心干,第三、四年选第二层 3 个主枝及第一层侧枝。每年在各主、侧枝饱满芽处短截,促使延长生长,扩大树冠。

3. 樱桃适宜新树形

樱桃树可采用自由纺锤形或三干形树形,低冠矮干,便于管理。

自由纺锤形的树体基本结构为:干高 30 厘米左右,中心干挺拔直立,其上分生 10 个左右的主枝,主枝基角 70°左右,主枝上不分生侧枝而直接着生结果枝组。

自由纺锤形适于一般密度栽培,株距 2 米~3 米。

图 4-82 缓放反应

三干形树体结构：干高50厘米，其上分生三个骨干枝，中心干挺拔直立，两侧干分列中心干两侧。3个主干在一个竖平面内且与行向垂直。两侧干与中心干或地面呈45°角。骨干枝上直接着生结果枝组。树高2.5米。

三干形适于高密度栽培，其株距1.5米左右。

4. 幼树的整形修剪

(1)修剪反应

樱桃树的萌芽力强而成枝力弱，顶端优势也比较弱。因此，对修剪措施的反应与其他果树相比，有着独特之处。对长枝尤其是强壮的中心干，放而不截时，绝大多数的芽都萌发，只有先端抽生几个较强长势的新梢日呈开心姿势；其余大都及早停长而成短枝或花束状枝；长枝短截修剪时，剪口下 般可抽生几个长枝，呈开心姿势；中短枝缓而不截时，则只有顶芽抽梢延伸生长。

鉴于樱桃树的修剪反应，对樱桃树幼树的伴随生长整形修剪，就显得尤为重要。否则放任生长必然难以成形，表现为包头状或丛状。

(2)定植当年的整形修剪

采用自由纺锤形或三干形树形，栽植后，可留50厘米定干。待

图 4-83　中心干缓放与短截不同反应

图 4-84　中短枝缓放反应

图 4-85 不良树形

其抽梢后选留中心干和主枝(或侧干)。与其他果树不同,在疏除多余梢后,对选留的骨干枝梢,一般不是开角问题而应该对中心干和主枝或侧干的扶助。即保证中心干的直立优势生长,保证主枝先端的优势向上生长态势。具体方法就是在树干旁绑立一根竿,将主枝梢绑在竿上;当主枝或侧干梢先端水平或下倾时,再用细绳绑拉将其梢头抬起。总之就是要必保中心干梢的优势生长。做到这些并非难事,不做则将留下后患。

然而,有时也会有例外,即选留的主枝梢基角偏小,这时理所当然要对其进行开角(牙签支或绳拉)。

采用自由纺锤形树形,选用成枝力较强的品种,也可以对新栽的苗进行高定干或不定干,但苗木必须是健壮优等,芽体饱满。而且,当发芽抽梢时,及早选留中心干梢,处理竞争梢,从而为中下部的梢生长让路。

图 4-86　选枝扶梢

(3)第二年的整形修剪

通过第一年的整形修剪，骨干枝优势生长，一般不会发生其他分枝，即使发生，也随时予以处理，所以树上没有多余枝。三干形的三个骨干枝已选出且长成，无需再选留其他主枝或侧分枝，所以不短截。但如果是通过定干的自由纺锤形，为了在中心干上再选主枝，成枝力弱的品种，可对中心干进行轻或中度短截以促发分枝；成枝力强的品种也可不短截。而未经定干的自由纺锤形，由于第一年已经选出 10 个左右的主枝，且中心干也不会十分强壮(分枝多营养分散)，也可以不短截。总之要依具体情况灵活掌握。

不管采取哪种方法，第二年的修剪首要一条就是及时处理好骨干枝先端的竞争梢，确保骨干枝先端的无妨碍延伸生长。做到这点轻而易举，不做必将后患无穷。

图 4-87 不定干选梢定枝

如果第一年选留的主枝或侧干，其角度和姿势不符合整形要求时，要通过拉或支的方法，调整到合适的位置。

自由纺锤形继续选留上部主枝。树体任何部位可能发生的强梢，要随时疏除。

(4)第三年以后

图 4-88　疏除分生梢

的整形修剪

经过前两年的整形修剪，树冠基本够高够大。且在第一年骨干枝上的短枝和花束状枝已形成花芽，但开花坐果率不高。由于骨干枝已够高够长，对其一不搞短截，二可不再处理先端分梢。第三年以后的修剪主要是培养好结果枝组及控制并随时处理树体任何部位可能发生的多余梢。

图 4-89　自由纺锤形樱桃树(4 年生)

三年成形、成花，第四年可进入大量结果期。之后的修剪主要是调节结果枝组、回缩骨干枝头等。

二 不规则树形的改造

果树栽植后，由于没有按规则进行整形或采取的措施不当，而导致树形不规则，只要不是十分严重(已成不良树形)，要尽快进行改造。因为树龄愈低，就愈容易进行。这类树可能是千奇百怪，每株树都有各自的具体问题，所以要依实际情况而定。但总的改造步骤应该是：①确定树形，依据建园栽树时设定的密度确定应采取哪种树形。②选定中心干和主枝。③处理竞争枝和多余枝。④调整主枝姿势。⑤尽量不用或慎用短截。之后，采用伴随生长整形修剪法控冠改形。

1. 几个修剪措施的运用

(1)处理竞争枝。导致不规则树形的祸首，往往是竞争枝未能及时合理的处理，所以在改造此类树整形修剪中，要首先考虑对已

图 4-90 转主换头处理竞争枝

经成枝的竞争枝的处理。处理竞争枝的原则：首先考虑转主换头，因为可避免或减少因疏除而留下伤口。第二考虑疏除，但不留橛。第三考虑利用，但只要不缺少枝就不留。

（2）处理多余枝。多而乱的枝，必须加以清理。清理方法首先考虑疏除，但疏除的副作用是留下伤口，尤其是疏枝较多时。传统的修剪理论就有不得同时疏除对生枝（避免对头伤口），不得连三锯（避免接连伤口）的规定。所以，在不能一次疏清的情况下，就得考虑其他方法，如通过弯枝、圈枝、环剥（割）等暂时控制其长势，促其形成花芽成为临时结果枝，或培养成临时结果枝组。总之要采取疏除与其他手段综合运用。

（3）短截。不规则树形，因未按要求进行整形修剪，枝的先端可能会有各种不规则的状况，如先端细弱，下倾，破损等等。这时，就

图 4-91　疏放弯圈综合运用及效果

得考虑运用一下短截，而且可能是重短截。

(4)回缩。如枝的先端有分叉，选留的主枝先端方向不符合整形要求，以及细长而弱的结果枝等，可运用回缩来解决。

(5)拉枝开角。对选留的主枝需要进行一次或拉或支开张角度，使其符合整形要求。由于此类树主枝的基角一般都很小，所以拉枝开角时一要在生长季进行(枝较柔软，避免劈裂)，二要开角适度。

2. 苹果树不规则树形的改造

(1)二三年生低龄幼树的改造

中心干不突出，且有二次分枝，施以重短截；疏去上部竞争枝；下部二枝过低且强，疏除。若采用自由纺锤形，选留 4 个主枝。

必须注意的是，对中心干施以重短截，第二年必将抽生几个竞争梢。对此，必须依照伴随生长整形修剪法的要求进行下一步的整形修剪。

处理竞争枝，短截分叉主枝，疏除多余枝，支开直立枝。

疏除竞争枝和多余枝，回缩下倾枝，重新保持(培养)主枝先端呈向上生长态势。

(2)初结果期树的改造

这类树往往属于偏旺生长型，枝多枝壮直立角度小，骨干枝上有较大的强分枝，应结果而不结果或

图 4-92　一年生树

图 4-93　二年生树

图 4-94　三年生拉枝过度

结果少。

先疏除一些中心干上角度小的多余枝；适当调整好枝间距离，各类枝分布合理，以确保光照；对中心干上可利用其培养成结果枝组的枝拉或支开角度，单轴延伸培养成结果枝组；主枝背上较强分枝以疏为主，适当运用扭梢、拉枝等措施，多留两侧枝组。各骨干枝上的枝组配置，均保持“菱形分布”，即“头小身子大”，适当培养一些下垂枝组；对主枝角度偏小者可适度支开，对暂留的临时（辅养）枝或有必要利用培养成结果枝组的枝可将其角度拉大些。适当时机对中心干落头，落头的部位选在顶部单枝处，且保持其单轴延伸，疏或缩其上分枝。

基本不用短截，细弱枝可适当回缩。

对强旺的骨干枝，也可考虑适度运用一次环割，临时性辅养枝可运用一次环剥。

图 4-95　5 年生树

(3)盛果期大树的改造

对于基部大枝过多过乱,主枝、辅养枝不分的树,可适当疏掉一些;树干较低者,先疏最下部的主枝,以抬高树干。但要因树制宜,分期进行,即一年疏一两个,二三年完成。主枝上的侧枝过多者或不该有的分枝,也要疏除。

对于树体中上部过多主枝或侧分枝者,也要尽快疏除。可采取去大留小的策略,即在大枝周围有预备枝时,可采用疏缩大枝,保留小枝的办法。

3. 梨树不规则树形的改造

梨树不规则树形的改造,基本可参照苹果树的改造方法进行。与苹果树不同的是,梨树的枝基角非常狭窄且开角极易劈裂。对此,可采取背下锯口的办法。可在枝的基部下面锯楔子形口,也可在枝的腰部下面连三锯口。深度一般不超过枝粗的一半。

4. 复归伴随生长修剪

在实施了树形改造修剪之后,务必复归到伴随生长整形修剪方法来进行下一步的整形修剪,否则,将重蹈覆辙,且更甚之。因为

图 4-96　大树疏除基部主枝

采用了短截和较多的疏枝，会促发更多的多余枝。

三 盛果期大树的改革修剪

许多苹果大树树冠内枝组过大、过多、过长，相互交叉重叠，覆盖遮阴；有的主枝背上直立徒长枝成排；有的枝组连年延伸，探出树冠外围，造成树冠外围郁密，内膛空虚，寄生区扩大，结果少，个小质差，尤其是着色品种着色不良；有的外围新梢过多，因冬季修剪习惯于对外围枝短截且逢头便打，每年刺激抽生几倍的新梢，这些新梢密生直立，遮挡内膛光照。

对这类树，要以疏为主，极少短截。既要适当疏除一些大枝，更要一次（冬剪）性疏除所有多余无用的竞争枝、直立枝、横生乱长枝，回缩过大枝组。精心安排，合理布局枝和枝组。大骨干枝、大辅养枝的间距应在 100 厘米左右，大枝组间距 60 厘米左右，中枝组间距 40 厘米左右，小枝组间距 20 厘米左右。

在骨干枝上多留斜侧枝组，为防果实日灼可适当留些背上中、小枝组和新梢。大中小枝组合理搭配，一般每米骨干枝上平均有 8~15 个枝组。红富士等品种应为 8~10 个，新红星 12 个左右，金冠 15 个左右，国光 10 个左右。

然而，不论是树体改造修剪，还是传统常规修剪，只要采用了短截和疏枝以及枝组回缩更新，那么，剪口下就必然重新发枝（图 4-98）。如此，截了一个枝，促发多个强分枝；疏掉一些枝，换来几倍新的枝。下年冬剪，再截再疏，再发枝，恶性循环。

如图 4-96 的盛果期苹果大树，修剪前全树混乱，观之令人烦闷；修剪后清晰透彻，令人顿感清澈。然而，如果只靠这一次冬季修剪（生产实际就是这么办的），下年冬天将更加混乱。

图 4-97　苹果大树修剪前后(上前下后)

相反，如果在冬季修剪的基础上，第二年春夏伴随着发芽抽梢,随时处理一切发出的不该让它存在的枝,把它消灭于“婴期”或改造在“童期”,这才能彻底解决问题。具体做法就是及时疏除竞争梢;随时抹除伤口上发出的芽梢,或有必要利于其做更新结果枝的预备枝时,待其长到30厘米左右时,予以扭梢或摘心等。

再有,几十年生的盛果期梨树,骨干枝已非常稳定,但每年冬剪时，都要在主枝的背上疏除一些直立徒长枝，回缩一些结果枝组,结果第二年又重新发出成倍的新枝;下年再疏再缩,循环往复,终成为一个树上“苗圃”。这些“苗木”在发芽生长期消耗大量养分和水分,到中后期“苗木”长成,成了一个厚厚的天篷,遮盖在树冠上面,挡住了绝大多数的光线。如此,怎能不影响产量和果实质量。

其实,解决这个问题不难:在冬季一次性疏除那些无用的徒长

图 4-98 大梨树疏枝反应

枝以后，接着实施生长季的抹芽除梢。当然，一次不行，可能得几次，因为那些梢并不一齐发出；而有的抹掉后还会再发出。尽管如此，也会比冬季疏除成龄枝要轻松得多。而且，冬季不再疏枝，以后发枝就少或不发。

图 4-99　短截疏枝反应

总之，冬季修剪就是对已成龄枝的处理：短截、疏枝、回缩等等。疏除的是多余枝无用枝，但伤口下又会发生更多的新枝，短截与回缩，剪口下又会发生新的强分枝（竞争枝）；即使是长放，也不能完全免除发生无用枝。

既然是无用枝、多余枝，为何还让它生成生长？所以，改革修剪方式，变冬季修剪为生长季修剪，而且是伴随果树生长修剪。当然，与低龄幼树的整形修剪有所不同，大树树体复杂得多，完全的伴随生长修剪可能会有遗漏。那么，就把冬季修剪作为一项辅助措施。

四　高接换头树的整形修剪

通过高接换头，改良品种，始于20世纪80年代。起初主要应用于苹果树，现今果农在梨树、桃树、杏树、李树等都有应用。而且，已不仅是当初单纯地为了改良品种，在苹果树上更多的是为了利用抗逆性强的品种作树干，其上高接优良品种。如以国光做砧树，高接红富士。因此，在生产中高接换头多有应用。高接换头树的对象，有新植当年的树，有低龄未成形的树，有初结果期乃至结果盛

图 4-100 高接换头方式
1.主干高接。 2.骨干枝高接。
3.大树多头高接。 4.抹头高接。

期的大树。高接的方式有主干接、骨干枝接以及大树多头(枝组)高接等多种。

高接的方法有硬枝接、绿枝接、芽接。高接的时间依方法不同有早春果树发芽前、春季新梢开始生长期、初秋。

(一)生产上存在的主要问题

在生产上,对高接换头的树,普遍存在着整形修剪不规范的问题。主要表现 3 个方面:其一,对高接砧树上多余枝清理不彻底,有的甚至是故意保留,欲想结果换头“两不误”。其二,对高接后的砧树所萌发的芽梢(萌蘖)处理不及时,或不予处理。其三,对高接枝上发出的新梢处理不当或不予处理。此外,打开保护塑料袋和解除包扎物不及时。

无论是采取哪种高接方式,其砧树上的无需接的多余枝一定

图 4-101 高接换头未清理多余枝

要完全清除，否则必将影响高接枝的成活与生长；结果换头"两不误"更是不可取，实际上必然是两耽误。

高接后的砧树，会从各处萌生许多萌蘖，这些萌蘖因其芽子占有原始母体优势，均将呈现强势生长，优先争夺大量的树体营养和水分。而高接的枝得先行愈合接口然后才能发芽抽梢，营养被萌蘖夺走，接枝接口愈合就减缓甚至不能愈合，即使愈合，发出的芽梢也必

图 4-102 高接换头未抹除萌蘖

然生长极弱。

大树多头高接，其每个接枝的砧桩姿势各异：竖直、斜上、水平、斜下，且角度不同。如此，高接枝上发出的新梢将呈现出各种不同姿势，对其若不加以适当的、及时的处理，必将致使高接树冠紊乱不堪。

图 4-103　高接换头砧桩姿势及高接枝反应

综上所述，足见伴随生长整形修剪，在高接树上要比正常树表现尤为重要。

（二）整形修剪

1. 主干高接

以抗逆性强的品种如国光苹果品种做树干（砧树），其上高接优良品种如红富士。先栽母树，栽苗时可不定干或高定干。发芽后对需要嫁接的部位及其以下进行抹芽，其上放任生长。或于当年秋季进行芽接或于翌春硬枝接。芽接者，可在主干上接二三个芽，早春在最上芽上方不少于 1 厘米处剪截（相当于定干）。枝接者，于早春在树的适当部位剪截后，进行劈接。

生产上，果农也有将多年生的树去冠留干，进行高接。

无论是芽接还是枝接，发芽期看出接枝成活时，首先对母树上发出的芽要及时抹除。因为，发芽需要消耗树体贮藏营养，而低龄幼树贮藏营养少，应集中供应于接芽或枝的发芽和抽梢。但对于未

图 4-104　主干高接选枝

成活的接枝或芽下要选留一个新梢，作补接备用枝。

接芽和接枝发芽后，要依照正常栽树一样，对其进行伴随新梢的生长进行整形修剪。但与新栽树有所不同的是，为了保存较多的枝和叶，对竞争梢的处理可优先考虑利用（做主枝），其次是控长（摘心），第三才是疏除。

然而，无论如何，切不可以放任不管（生产中果农就大都是如此），否则问题将会比常规栽树放任不管还要复杂得多。

2. 主枝高接

主枝高接就是先行栽树或利用低龄幼树，在骨干枝上进行芽接或枝接。对此种接法，要先整形后嫁接。如果是新栽的树，就要依照伴随生长整形修剪法，先进行整形修剪，培养出骨干枝；秋季在

图 4-105　主枝高接修剪

图 4-106　幼树高接

骨干枝上进行芽接或翌春硬枝接。

不论是芽接剪截前部母枝，还是先截母枝再枝接，都相当于对幼树实行了重回缩（短截）修剪。因此，在母枝上极易发芽抽梢，对此要及时除萌，以集中营养供应接芽接枝的发芽抽梢。枝接者，往往有 3 个芽萌发抽梢，当新梢长到 20 厘米左右时，就要进行选留需要延长生长的枝梢，要依据方位、长势进行。对未被选留的梢或疏或摘心，以确保延长梢的优势生长。

图 4-107　大抹头高接

3. 幼树高接

在幼树上进行高接，首先进行整形，疏

除一切多余无用的枝，然后对选留的骨干枝进行高接。下步修剪与主枝高接程序相同。

4. 大抹头高接

每个砧枝上，只能保留一个延长梢，余者疏除一些，摘心一些。

5. 大树多头高接

对已经成形且结果期的大树，进行高接，则要在骨干枝先端、侧分枝及枝组上进行多头嫁接。这类树在嫁接前，要先行整形，疏去一切多余无用的枝；对于树体结构不合理的树，可先行树形改造。在确定了应留下的骨干枝和枝组后，再进行嫁接。大树多头高接采用的方法为硬枝接。

对多头高接的树的修剪，一是及时疏除母树上的萌芽，二是搞好接枝所发新梢的管理。

由于大树上的各类枝伸展方位各异，有的直立向上，有的斜向一方，有的水平，有的下倾。如此，高接枝上发出的新梢也呈各种姿势。因此，对这类树高接枝上的新梢，更需要及时因势进行管理。其原则就是保持砧枝原来或应该有的伸展方位，采取或疏或转或缩

图 4-108 高接枝新梢处理(1)

图 4-109 高接枝新梢处理(2)

或摘心的方法。同时,务必及时抹除母树和砧桩枝上萌发的芽梢;但接枝未成活的砧桩上要保留一个梢。

(三)接后其他管理

图 4-110 高接枝新梢处理(3)

高接的枝或芽,既珍贵也娇气,一经成活务必加强保护。尤其是主干高接的树,所选留的枝梢是仅有的,不像正常栽的树,树干上有预留枝梢可选,甚至中心枝出了问题,还可以回缩树干促其重新发梢。所以,务必对选留的梢做好保护。

1.及时放风。高接的枝(或芽)一般都要用塑料袋套上,以便保湿增温,促进接枝芽的萌发。对此,一定要及时打开袋的先端口,以便不妨碍新梢的生长。

2.绑棍调姿。高接新梢易旺长,接口愈合未牢时,极易被人、畜碰折或被风刮劈,尤其是骨干枝。为此,当新梢长到30厘米左右时,要在接枝的对面绑缚支棍。同时,还可借绑缚支棍调整新梢的方位。待新梢成熟完全木质化后,再去掉支棍。

3.适时解缚。当接枝或芽成活抽梢后,要适时解除包扎物。一般枝接者,当新梢长到30~50厘米时予以解除;采用高芽接者,只有当接芽完全愈合后才能解绑。秋季芽接的,一般于春季萌芽前解绑。如果解得太早,易使接芽周围皮层干缩、翘起,影响接芽成活。

图 4-111　绑棍扶助

生产上存在的问题是忽视(延迟很晚)解缚,结果造成很深的缢痕,甚至导致断枝。

4.除萌蘖。当砧树上的芽萌发后,要及时予以抹除,第一次后,每隔10天左右就得进行再次除萌,全年可能需要进行3~5次,直至无萌可除为止。但是,对于接枝未成活者,要在砧桩上保留一个生长健壮方位适宜的新梢,用作补接预备枝。

5.虫害防治。一是顶梢卷叶虫(有时还有黄斑卷叶虫);二是毛虫类;三是梢夜蛾;四是蚜虫。对其防治方法,一是果树发芽后展叶前(开花之前),喷一次杀虫剂;5~6月间,视蚜虫发生情况喷药防治。

6.加强肥水。为了促进高接枝或芽的成活、生长,接后应及时灌水。待新梢开始生长期,追施化肥;生长后期叶面喷施磷酸二氢钾2~3次。

(四)高接技巧

对果树实施高接换头,要实现的效果就是快速恢复树冠,及早结果。达到这一效果,有几个关键点:一是嫁接保成活;二是伴随生长的整形修剪;三是促成花措施。

保证嫁接成活率,一是要芽接、硬枝接、绿枝接多种方法联合运用;二是提早硬枝接的时间;三是搞好嫁接枝的管理。

多种方法的联合运用有两个途径:①先芽后枝:低龄幼树可先于秋季芽接,翌春芽未萌发者,再进行硬枝接或培养接芽下面母枝上发出的新梢,待6月初进行绿枝接。②先劈再皮继绿。早春硬枝劈接,未成活者可于4月下旬至5月下旬采取皮下接(保存的枝),再有不成活者,可在砧桩上抽生的(除萌时保留的)新梢上于6月上旬进行绿枝接。

提早硬枝接的时间,就是将过去提倡的果树发芽期的4月嫁接,提前到早春的3月初。这样做的优点是嫁接时间宽松;无需大量保存接穗可随接随从品种树上剪取，就地就近嫁接；因接时套上塑料袋，增温保湿早愈伤早萌芽，新梢生长快；同时，为补接留有充足的时间。

图 4-112　枝芽接结合

搞好嫁接枝芽的管理，指的是不论芽接、硬枝接还是绿枝接，都要套上筒状塑料袋，增温保湿。然而，套袋要适时解开。解袋分两步：当接枝发芽吐叶后，先及时剪开袋的顶边，待新梢伸出袋后再行除袋。

嫁接的芽枝抽梢后，就要及时地施以伴随生长整形修剪。并搞好新梢的保护（绑棍等）。

促进成花的措施，就是大树多头高接中，在结果枝组上进行嫁接的枝，当年的新梢可长成长梢或超长梢（相当于短截回缩的作用），可于新梢停长期（秋季 9 月间），对其直立或斜生的枝进行拿枝、拉枝，改变其姿势。翌年 3 月中旬前后，对其进行刻芽，每个长枝上刻芽 20 个左右，促发分枝，一般可成花 10 个左右。

此外，为了增加枝量，也可搞枝芽接结合。即在一个主枝上，先于秋季在适当位置接上几个芽，然后于翌春再在先端接一个枝。成活抽梢后，除延长梢外，适时对所有分枝进行摘心，控制一下长势，以便让延长梢突出生长。之后，将各分枝培养成结果枝组。

五 结 语

伴随生长整形修剪的基本要点，概括起来就是“一个时期，三个措施”。一个时期：就是指整形修剪的时间，即伴随着果树一年中的生长过程；具体措施的实施，于枝梢生长的适当时机。三个措施：一是及早适时处理竞争梢；二是及早定时开（梢）角；三是及早随时疏除多余梢。再简而言之，就是四句话 16 个字：

长放不截　处理竞争

早开基角　看住余梢

所谓修剪，归根到底就是对“枝”的处理，即截疏放缩拉等等。由一个芽发展成为一个枝，比如一个人：萌芽如胎儿，发芽如婴儿，开始生长期如幼儿，旺盛生长期如少年，缓慢生长期如青年，停止生长期如成年。

传统的冬季整形修剪，是以成年枝为对象；伴随生长整形修剪是以未成年枝为对象。

伴随生长整形修剪的理论为“整治于雏，长之于需；消除无用于童，成形之于所求”。

既然栽培果树要求有一定的树形，那么就应该在枝和树的雏形期也即尚未成枝成形之前，施以必要的措施，让枝梢依照整形需要去生长；除无用于童期，竞争枝是无用而有害的，多余枝是无用的，既然无用，就应该不让它长成。如此，让果树依照人为规定的要求来成形。

措施实施的及早和适当时机主要是指枝的“幼儿期”或曰“童期”。为此，对于无用枝，允许它出生而不让它长成。

第五章　配套栽培措施

果树整形修剪是在“有树”的前提下，这里所说的“有树”是指正常生长的果树。果树的整形修剪，固然十分重要。然而，欲使果树正常生长，不只在于整形修剪而在于各项栽培管理措施的综合运用。诸如土、肥、水等的管理，而且是应该规范化的、高标准的管理。相反，如果栽了树，又不按规则去管树，甚至根本就是放任不管，更谈不上规范化和高标准的管理。那么，有树等于无树。然而，这种栽树不管树的现象却普遍存在。在一些果农的心目中，认为果树是多年生的，栽后要几年才能结果见效。而建园初的这几年先着重种植和管理当年见效益的庄稼，待果树长成结果时，再转向对果树的管理。实际上，这已经是太晚了。

生产实践证明，土肥水是果树生长与结果的基础，修剪只是调节营养物质的分配，病虫防治是对果树提供必要的保护。搞好这三大管理，果树栽培才能取得高效益。

一　不规范的栽树与果园管理

不规范建园和栽树，有以下几种表现：

1. 栽树不整地，随便挖个坑

这种情况不论是在平地还是在山地上都有存在。其做法是根本不搞任何方式的整地，随便挖个坑，就将果苗栽上，一锹一担

(水)一把苗。在这类人的心目中,可能认为这种做法省工省事。

2. 不计苗木质量,省钱就行

本来,新建果园和栽树,苗木的质量是至关重要的。然而,多数果农根本不计较这个问题。花钱买苗木,不管苗木来源,不管苗木质量,只想着省钱省事就行。而如今,果农买果树苗大都在当地集市上,从苗贩手里买来。

3. 栽完任自在,照旧种庄稼

果园建上了,树也栽上了,任其自在自生自灭,集中精力照管庄稼;当然缺苗明年再补栽。有的是庄稼地里的果树,有的是果树园中的庄稼。不管果树生长如何,反正庄稼没减多少产。

4. 不用搞整形,因为没有枝

庄稼地里的果树,即使存活,也当然不会有多大的生长量,没有几个枝更无长枝,所以也无需去整形和修剪。每年长一点,多年树也不大,即使修剪一下,量也不大。

5. 多年不成园,终归地原貌

这类果园,由于每年都进行补栽,呈现出树龄树体大小不同的状况,一般可维持五六年的时间。但终因园不成园,树不成树,根本也就不能结果,更谈不上效益,从而干脆彻底毁掉,重新恢复了庄稼地的原貌。这种情况绝非个别,而是较为普遍。

图 5-1 随便去栽树

图 5-2 玉米茬地栽果树

图 5-3 栽树之后照常种玉米

图 5-4　玉米地里树煎熬

图 5-5　玉米收后残存树

图 5-6 果园中的庄稼

图 5-7　4 年未成的果园(2004～2008)

图 5-8 庄稼地里幸存未用整形修剪的结果小老树

二 规范化高标准建园

果园是果品生产基地。建园设计的合理性和栽植质量，对园貌、树势、早果性、产量、果品质量都有直接而重要的影响，是实现建立果园栽培果树并获取更好更大的经济效益的基础。因此，从建园开始，就必须追求高起点、高标准，不折不扣地严格依照技术规程实行各项措施。如果不规范化的建园栽树，不规范的管理，甚至是栽而不管，不如不建园不栽树。

1. 规划设计

(1)树种品种的选择。建园栽树，人们首先要考虑树种品种问题，即栽什么树。尽管这早已是成规定律，但在生产实际中，仍然经常出现因树种品种选择不当而致建园失败的现象。选择树种品种，要遵循以下两条原则。

按区划选择树种品种。不同的树种品种要求的生态条件明显不同，只有满足果树对生态条件的要求，才能充分表现出品种的良好性状，实现高效益栽培。新建果园，必须考虑地方自然条件的优势，做到适地适栽，切不可盲目追求外地新品种。有些果树品种，虽然栽培范围较广，但在适宜栽培区域内，还划分有最适宜区、适宜区、次适宜区。

依地利条件选择树种品种。适宜区，一般是指较大的范围，主要制约因子是气候(尤其是温度)。在一个地区，不同的地利条件，如山地、丘陵地、平地；沙砾土、沙壤土、黏重土等。要依据不同树种品种对地利条利的适应性进行选择。

(2)果园总体规划。大规模建园，首先精确测量出园地面积，绘制出平面图。依据实测和调查结果，对交通道、作业路、作业区，防护林、灌排系统、水土保持工程以及办公室、仓房等附属设施都要进行规划安排。

根据总体设计,对预栽果树的地块,因面积、地形等情况,划分若干个小区,以利田间管理。每个小区的土壤、小气候等条件大体一致;小区面积要根据具体条件而定。在果树栽培最适宜区,土壤条件较一致的地区,可以100亩左右为一个小区;丘陵山坡地,土壤条件不太一致,可以20~50亩为一小区。

小规模建园,可不划分小区。

(3)栽植密度和行向。栽植株行距:苹果3米×4米、2米×3米、1.5米×2.5米三种;梨树2米×3米、1.5米×2.5米两种,桃、李、杏、樱桃1.5米×2.5米。

3米×4米和2米×3米者,一般每隔4或6行设一加宽行;1.5米×2.5米者,每8行设1个加宽(1.5米)行。如下图所示:

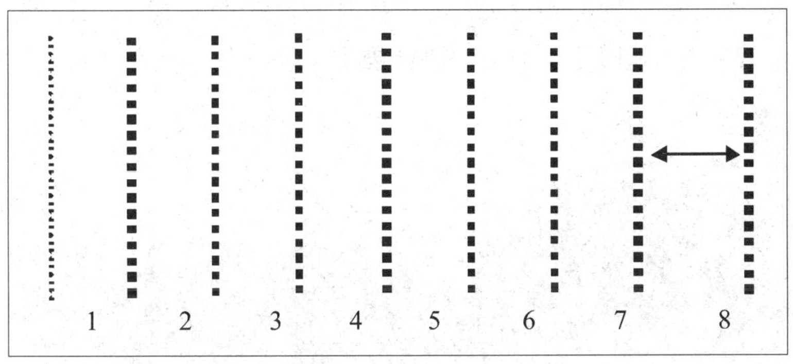

行向平地尽量以南北向为宜,以利于充分利用光能;山坡地则以梯田走向随弯就势。

(4)授粉树的配置。20世纪90年代前后,由于全面推广人工辅助授粉,因此人们淡化了对授粉树的配置。现今正在推广壁蜂授粉,因此,新建果园仍需注意搞好授粉树的配置。

授粉树配置比例,一般主栽品种与授粉品种比例为2~8:1,即授粉树应在10%以上。可依不同情况与条件分别设定:①等量式。当授粉品也是主栽品种之一时,可采取授粉品种与主栽品种各3~6行、等量、相间栽植。即授粉品种和主栽品种各占果园总株数的50%。②少量式。用于较大果园,授粉树少,只沿果园小区边长方向成行栽植,每隔3~4行主栽品种栽1~2行授粉树。授粉品种占果园总株数的20%~30%。③中心式。适用于授粉树少,正方形栽植的小型果园。1株授粉树周围栽8株主栽品种。授粉树占果园总株数的11.1%。④复合式。在两个品种相互授粉不亲和或花期不能完全相遇时,需栽植第3个品种用于授粉树。

2. 整地

新建果园,必须先进行整地,否则不能栽树。山坡地,要首先进行修筑梯田,搞好水土保持工程。

(1)挖栽植沟。依果树栽植行向,人工挖宽80厘米、深60厘米的栽植沟。挖时,要将上半部耕层熟土单放一侧,下半部冷土放另

图5-9 挖栽植沟

一侧。若有沙石重黏土者,要清除出园。

这里需要注意的问题有 3 点:一是深度,传统建园理论提出挖坑的深度为 80~100 厘米。这里提出 60 厘米,是根据生产实践总结出来的,挖 1 米几乎是不可能的,只是说一说而已;挖得越深,翻出的冷土量越大,反而对果园土壤不利;虽然果树具深根性,但吸收根主要分布在土层 30~50 厘米上下。二是宽度,就长远观点看,固然是越宽越好,因为果园建成后,每年还要求深翻扩穴,密植园要求二三年内将果园翻通。这里提出 80 厘米,主要是基于用工量和用水量的考虑,因为要灌水沉沟。但 80 厘米是最低限度。三是密植栽培,行间很近,为返土方便,要隔行交替进行挖沟。

(2)加入秸秆施农肥。沟底层加入庄稼秸秆及杂草等植物残体皆可;尽量多施入农家肥。

(3)回填。回填时分三步:底层先放入秸秆,填一层熟土;继放一层农家肥(勿施于上部接近根际),再回填熟土;最后回填冷土,留或修出灌水槽。灌足水后,将沟填平,等待栽树。

图 5-10 加入秸秆施农肥

农肥施在中下部，待秋后和翌年发挥效果；秸秆在底部，二三年后再发挥其效力。

图 5-11　回填与灌水

3. 苗木准备与处理

(1)选择优质健壮苗木。果树苗木是建园栽树的第一关。如果苗木有问题,建园栽树就很难成功。然而,时至如今,还有果农用弱小苹果苗建园栽树,还小有规模(三五亩),而且是在 3 米×5 米较稀植又照旧种植农作物的状况下;栽后又放任果树不管——竞争梢、虫害。

有谁能相信,这样建园能够成功?岂不劳民伤财!

足见欲要成功建园,必须选用优质一级苗木。普通实生砧苗其标准为:①根系发达,完好无损。具有较粗的主侧根,侧根基部粗度在 0.45 厘米以上;侧根数量 5 条以上,长度 20 厘米以上;分布均

图 5-12 弱苗建园(2008)

图 5-13 优质苗建园

匀舒展，并具有较多的须根。②苗高（地上部分）1.2 米以上，不定干苗 1.5 米以上。③主干粗度，嫁接口上 10 厘米处干径 1.2 厘米以上。④芽眼饱满，整形带内饱满芽不少于 8 个，芽体厚、芽轴长。⑤嫁接口愈合良好，砧桩剪除，剪口完全愈合或环状愈合。此外，外观皮色深而光亮，皮孔大，茸毛少，节间均匀不徒长，髓心小而实。

较稀植建园者，提倡培养大苗（3~4 年生）定植。其优点是大苗培育期集中，便于管理（免于间作农作物），建园定植成活率高、株间整齐，经济利用土地。培育大苗的方法：①选排灌条件好、肥沃的沙质壤土作圃地，也可在较宽的幼园行间或预定新建园的一边栽 1 年生苗。栽植前要挖宽 60 厘米、深 50 厘米的栽植沟。②栽植 1

年生苗的距离可按1米×1米或2米×(1×1)米的形式栽植。③精细管理,及时搞好各项田间作业——土肥水病虫防治等。④依照正常栽植伴随生长整形修剪法,培养好中心干和主枝。

高密栽培,采用三干形树形无必要走培育大苗之路。因为,栽植密度已经很高,且依照伴随生长整形修剪法,栽后两年就已经成形成树。

(2)苗木来源与精选。自建自育的苗源最好。购买苗木,一定要有明确的来源。要直接到比较专业的苗圃去买苗,而且是栽前起苗,随着起苗随之装车出圃;果农小量用苗者,可联合多家合伙去买。切忌图省事,从集市地摊上买苗,因为一者苗的来源不明(品种),二者出圃的时间不清,加之风吹日晒(出圃时间长,须根细根失水难以成活),如此苗木质量没有保证。

苗木出圃时,要对苗木逐株进行严格的质量分级,务使一块地或一行树,苗木高矮粗壮程度和根系状况大体一致。如此,方可确

图5-14 苗木出圃

图 5-15　河水浸苗

图 5-16　浸蘸泥浆

保较高的成活率，且可生长一致，使幼园园貌整齐划一，便于整形修剪及其他各项田间管理，从而获得早结果早丰产。至于根系较差、苗干细弱、有损伤的苗木，要剔出不用，或单栽或另栽一处进行再培养。

(3)栽前保管与处理。自育苗木，要随起随栽。购买苗木，最好在栽植前 3 天起苗出圃。如果出圃距栽树时间较长，要将买回来的苗木存放在背阴处用河沙埋上并浇足水。

栽植前 3 天，将苗木用水浸泡(至少 1 昼夜)。苗量大时放入河中,苗量小时可挖坑,坑中铺塑料布再加水。

在栽植时,苗木根系要蘸泥浆,并施用促发根的药剂。具体方法为:用一个铁皮或塑料开口桶,加水加土加“发根壮苗菌”(德龙绿色农业复合微生物菌剂),搅拌均匀后放入苗木,浸1小时左右再栽植。

4.栽植

(1)栽植程序。在已回填好土灌足水的栽植沟中,按标准定点(可用一尼龙绳依株距拴上标记,拉直两端固定顺行置于栽植沟中),注意株行间纵向横向对齐。两人一组,一人挖坑(以容纳根际为度),一人扶苗。苗木的嫁接口朝向当地春季的主风方向,扶正苗木,舒展根系,边填土、边提苗、边踏实,轻轻抖动,使根系与土壤密接。

由于栽植沟上部回填的是冷土,栽植时根际一定要用熟表土埋。可从行间挖沟时未动的地方挖也可从外边运,反正用量不大。

(2)栽植深度。一般栽植深度应以苗木接口与地面相平为标准。

苗木栽植的深浅,对其成活、发芽、生长、发育等诸方面,都将产生直接的、重大的影响。生产上常出现的问题是栽得过深,尤其是较大规模建园,栽植人(雇工)多,随意性大。

栽深弊端在于:春季地表升温快,有利于浅层根系的及早活动。发芽生根同步利于成活和早期生

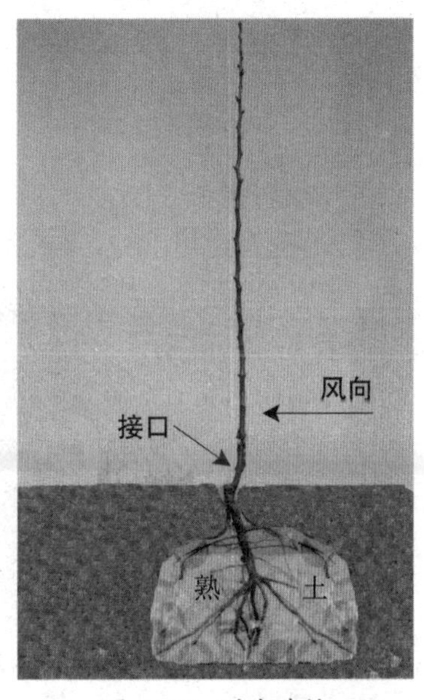

图 5-17 苗木栽植

长。相反,深层升温慢,且愈深温度就愈低,根系活动晚于发芽,因而不能及时为新梢提供水分养分;以至,苗体水分养分消耗殆尽,根系还尚未工作,导致已发芽抽梢的苗死亡。而夏秋季,土壤表层温度偏高,对根系活动起到一定的抑制作用,致新梢缓慢生长和停长,从而有利于枝条成熟。相反,此期深层土壤温度较低,适合根系活动,为新梢提供水分养分,促进新梢不停地生长(即贪青晚长),从而不利于枝条发育成熟。这是导致苹果幼树发生抽条的原因之一。

(3)栽预补株。无论如何,建园栽树也难达到100%的成活;而成活者, 也可能或因新梢生长不良或田间作业人为损害或因虫害等原因,造成缺株或半死不活现象。为了提高新建园的整齐度,在栽植的同时,一定要备栽留作补苗用的临时株。数量按照栽树总株数的10%~20%之间,均匀栽在正常株的株间。

临时株要与正常株同样管理。

(4)灌水封畦。随着栽树,随即灌足水;水渗下后,随即封畦,整平地表。

5. 栽后管理

(1)覆膜套袋。苗木栽植完成,随即(不可拖延,以免水分蒸发)进行地膜覆盖。较稀栽植者可单株覆盖,每株用1米见方的塑料薄膜;密植栽培者,要通行覆盖。

图5-18 覆膜与套袋

覆盖地膜,既保水保湿,又

提高地温,促进根系提早活动。

图 5-19 套袋方法

盖完地膜,每株套上一个长筒状的塑料袋(塑料袋加工厂为生产冰糕制作的包装筒袋即可)。

套袋方法,上端系扣,套在苗上拉紧下端系上;中部也系一扣,否则会被风给吹开。

套袋的好处在于:保持苗木水分,减少蒸腾,增高温度,从而促进提早发芽,确保成活。此外,套袋是防止食芽害虫为害的最好办法。

(2)放风解袋。要注意观察发芽展叶情况,当见已有两三个幼叶出现时,就要及时剪开袋的顶端放风。

图 5-20 放风解袋

图 5-21　喷浇水

待到顶端新梢抽出 5~10 厘米时就要及时进行除袋。

(3)浇水保墒。当 5 月份天气干旱时,可采取喷灌浇水的方式,补充水分。水是保障果树正常生长所必需,所以应依天气和果园实际情况进行浇水。

(4)补苗。操作步骤:①先对选作补苗的树进行浇水。②在需要补苗处挖栽植坑。③带泥土坨挖出补苗的树。④植入补植坑掩埋好当即浇水。之后 3 天,每天补浇一次。

图 5-22　补苗

(5)解除地膜,适时灌水。可于 5 月底 6 月初将地膜解除。之后,修好灌水

图 5-23 除膜作畦灌水

畦，依据天气与果园实际情况，适时灌水。

（6）叶面喷肥。6 月份，新梢速长期，每隔 10 天叶面喷施 1 次共 3 次 0.3%~0.5%尿素水溶液；9 月份，新梢缓长期，每隔 10 天叶面喷施一次共 3 次磷酸二氢钾水溶液；10 月份，新梢停长期，分别 3 次高浓度依次为 1%、2%、3%叶面喷施尿素加磷酸二氢钾 1:1 混合液。最后一次不惜打落叶片。

（7）防治病虫害。建园当年的虫害防治至关重要，因为苗木的芽子相当于种子，抽生的新梢有限是骨干枝的雏儿。一旦遭受危害，难以补救。为害新栽幼树的害虫主要有以下几种：①象甲类，有两种，以大灰象甲为多。专门蛀食新栽植果苗正在萌发的芽子。发生严重时，可将所有芽了吃光。②毛虫类，有多种，专门为害刚刚展开的幼嫩叶，初小幼虫在叶面上蛀食造成微小洞孔，随叶片长大蛀孔扩大叶面成网状；较大幼虫则沿叶缘蚕食。果园周围杨树、刺槐等树上的毛虫常来为害，将叶片吃掉。③卷叶蛾类，以顶梢卷叶蛾为主，专门将刚刚抽生的新梢先端的幼叶卷起，幼虫在卷叶内食害，致新梢不能生长。④其他，金龟子类，主要有东方金龟子；尺蠖类，有桑褶翅尺蠖等。⑤蚜虫，6 月份新梢旺盛生长期最常发生。

图 5-24　主要虫害

防治新栽果树的这些害虫(蚜虫除外),最好的办法就是栽树时套袋,因为这些害虫来源于周围环境中,而不是苗木本身。纯净的农田建立果园时,尤其要注重大灰象甲的危害发生。因为纯农田新栽果树发芽期间,田地里没有其他可供象甲食用的“鲜绿物”,而新栽果树发芽,正值该虫出蛰觅食期。如果不采取套袋措施,对其很难防治。虽然可采取人工捉拿,但难以胜防。该虫聚集在新栽树的根茎部碎土块中,一旦温度适宜就上树蛀食芽子。

根据这一特性,也可在根茎部土表撒具气味较强毒药以趋避之。

毛虫卷叶虫等食叶害虫,可用药剂防治结合人工捉拿。当解开套袋或刚开始抽生新梢时,一般是4月下旬5月上旬,就要进行喷施杀虫剂,间隔7天连喷两次。

6月份,是新栽树新梢旺盛生长期,也是蚜虫发生为害期。期间,一般可能需要打3次药。蚜虫最容易对农药产生抗药性,所以,要选择两种以上对蚜虫有效的药剂,交替使用。在防治蚜虫打药时,可同时加入对防治早期落叶病等有效的杀菌剂。

图5-25 间作留盘

6. 行间间作

新建果园，行间间作，在所难免。但间作必须坚持以下几个原则：①间作物不得妨碍果树的生长发育。②绝对不可间种玉米等高秆作物。③必须留出足量面积的树盘并便于灌水。④成树成园后，必须停止间作。

依据这些原则，花生是间作物的最佳选择。

如果你非要间种其他矮秆作物，那就必须遵守第③原则，即给果树留足树盘（营养）面积并便于灌水。

三 建园第二年以后的管理

1. 地下土肥管理

（1）扩穴。果园建成后，从当年起，每年于秋末进行扩穴，分四年（次）进行。每年（次）沿栽植沟一侧，挖宽 60 厘米、深 50 厘米的沟，用熟土回填，不够从行间或他处取，冷土铺行间。

（2）施肥。结合扩穴，施入农肥。春季发芽前，追施（果树专用）

图 5-26 扩穴施肥

化肥。扩穴完成后,进行正常的果园施肥。

2. 地表管理

(1)清耕。平地果园,以清耕为宜。经常铲地除草松土。

(2)覆盖。山地果园,应搞覆盖,杂草、秸秆、植物残体皆可。覆盖既保持土壤湿度,也增加土壤有机质,不长杂草,免除铲树盘等。

(3)生草。有条件的果园可以搞行间生草制,但要及时刈割。

图 5-27 果园清耕

图 5-28 果园覆盖

3. 水的供给

保证供水是保持果树正常生长发育与结果的必要条件，要尽量依果树所需进行灌水。水源条件好的果园,可采取漫灌方式;水源不足的果园可采用喷(喷枪)灌等节水方式;缺水的果园可采取穴灌方式。

总之,栽培果树必须有一定的灌水条件,单纯依赖于天是不行的。

4. 树上管理

(1)叶面喷肥。果树生长前期(5~6 月间),每隔 10~15 天喷一次 0.5%的尿素水溶液;果树生长后期(9~10 月间),每隔 10~15 天喷一次 1%~2%的尿素与磷酸二氢钾的混合溶液。

(2)防治病虫。两三年生的果树,重点防治的对象是蚜虫及顶梢卷叶虫等;以后将视当地当园病虫发生情况,开展正常的病虫害防治。

苹果树在发芽期,要专门喷一次防治苹果瘤蚜的药剂。

苹果、梨、桃、李、杏等,一律于初花期之前(刚见有花朵开放)的两三天内,搞一次综合性的药剂防治。主要对象为:蚜虫、卷叶虫、毛虫、金龟子、介壳虫、叶螨等多种。可根据各果园的具体情况选用 2~3 种农药混合喷施,喷药时要细致周到。这次药剂的时间性强,只要这次药打得好,那么以后 5~6 月间尽量不打杀虫剂,自有天敌来控制害虫。

苹果早期落叶病和梨黑星病,要以波尔多液防治为主。

四 建园三年成园

只要按照规范化、高标准建立果园和管理果树,严格依照“伴随生长整形修剪法”对新栽果树进行整形修剪,不论是苹果树、梨树，还是桃、李、杏、樱桃，都必保建园三年成园，四年五年结果见效并迅即转入结果盛期(图 5-29 与 5-30)。

图 5-29　3 年生李园

图 5-30　5 年生苹果树与梨树

第六章　预防苹果幼树抽条措施

在一些地区，新栽的苹果树当年生长旺盛，第二年春天却不见发芽，或部分枝条或树冠乃至全树死亡了。究其原因除非发生特别的冻害，就是抽条。抽条不仅限于1年生树，二三年生及至5年生以下的幼树都有可能发生。苹果幼树大量严重地发生抽条，还有历史周期性（主要是受制于气候因素）。常有因此而导致的建园几年不成功以至失败的情况，所以要特别重视预防抽条。

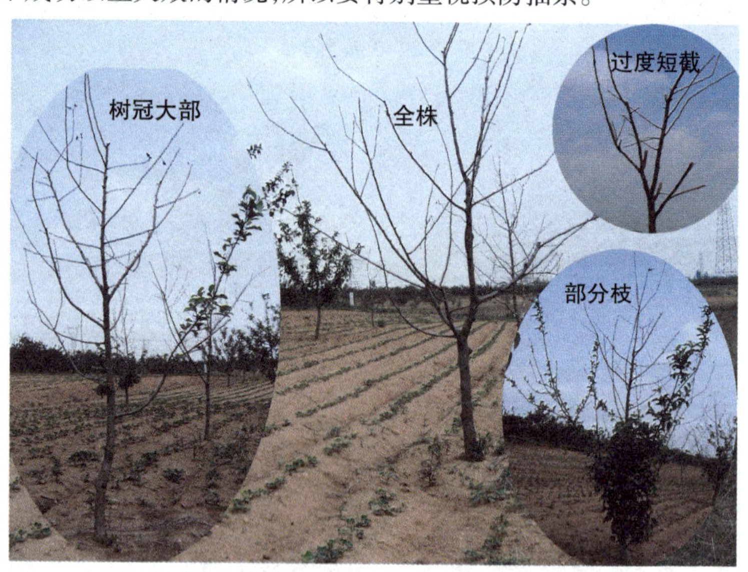

图6-1　苹果幼树抽条

1. 抽条的症状

发生抽条的苹果幼树,一般在4月中旬前后开始显现症状。先是发生在1年生枝上,继之2年生枝、3年生枝乃至主干。发生抽条的枝,起初表现皱皮继之干枯死亡。剖开抽条枝上的顶芽,其髓部、生长锥呈现绿色干枯。抽条的树往往伴随发生日灼,主要在主干的向阳面呈现出褐色、红褐色、黑褐色、棕色、褐色、蓝色等深浅不同的不规则的斑块状变色反应,随之腐烂或干腐。富士、国光品种反应明显,红星很少。

2. 抽条发生的原因

抽条是果树生理性干旱,而不是冻害,但它与低温有关。抽条发生在气温回升、干燥多风、地温尚低的2月中下旬至3月中下旬。此间气温升高,打破果树的自然休眠状态,树液开始流动,促使果树的地上部分蒸腾速率增高。但根系分布层的土壤,仍然处于冻结状态或地温过低,根系还不能或极少吸收水分来补偿树体上部蒸腾的损失。当枝条失水达一定程度(枝条含水量降低到34%~40%)时,就造成了树体水分失衡(调),结果导致果树发生生理性干旱——抽条。

引起或加重抽条的因素有多个方面,但果树本身内在因素是主要的。一年生枝越冬时的状态(发育成熟度),是影响水分蒸腾强弱的关键。为此,秋季幼树生长过旺(贪青晚长),入冬时不能及时停止生长而自然进入休眠状态,营养积累少,枝条含糖量低;徒长树枝条组织不充实,不能形成良好的保护组织,因而容易发生抽条。

不良的气候条件,如生长季低温寡照,秋季雨水偏多,使果树发育不良、贪青晚长。秋末冬初低温的突然来临,冬季严寒时间过长等都将加重抽条的发生。

导致果树徒长和贪青晚长的一些栽培措施,如生长中后期,追施化肥、摘心(促发二次生长)、秋季灌水等,都是加重抽条的因素。

不恰当的防护,加重抽条。如树干埋土堆,因加厚了冻土层,推延了根际土壤的解冻时间,从而导致加重抽条。

冬季修剪,短截和疏枝过多;人、畜碰伤等造成树体伤口,易使果树失水而加重抽条。

3. 预防措施

除非几十年不遇的特殊(冬季低温)气候情况下,抽条是可以通过栽培措施加以预防的。如果依照“伴随生长整形修剪法”以及采取相应的配套措施,一般是不会发生抽条的。因为伴随生长整形修剪,集中了营养供应有用枝的生长发育,尽管其生长量较大,但营养的充分使枝的发育良好,成熟度高;其设定的配套栽培措施,也为预防抽条提供了基本保证;不搞冬季修剪,没有剪口对水分的流失。此外,预防抽条应注意以下几项:

(1)新栽树时,不要将农肥施在根际,也不要追施化肥。因为新栽植的树苗,前期发芽、发根,处于缓长期,不需要很多的肥;而根系和新梢发出后已到中后期,会因为吸收肥料而旺长。

(2)栽树时,一定不要深栽,以嫁接口与地表一平为度。因为,栽植的越深,其根系所处的土壤温度越低,发根晚,缓苗慢。而到夏季,深根所处的土壤温度仍比地表温度低,但却恰好适合于根系活动,加之深层水分也较多,从而促使幼树旺长。

(3)2 年生以上的幼树,追施化肥,要在发芽前,切不可进入 6 月份以后再追施。生长季前期 5~6 月间,喷施尿素;8~9 月间喷施磷酸二氢钾。

(4)生长季前期 5~6 月间,要满足灌水;夏季雨多时,搞好排水;秋季一般不要灌水;而应该在初冬果树落叶后,土壤结冻前约 11 月中旬灌封冻水。

(5)6~9 月间,不要搞摘心(避免二次生长),可在新梢接近停止生长时的 10 月间摘心,以便促其提早结束生长。

(6)秋季搞好对大青蝉的防治。

(7)冬前切不可以搞树干埋土堆,可在树干西北侧距树干 50 厘米处堆高 30~50 厘米半圆形土埂(土围子)。这样,可以促进根际土壤提前结冻,使根系及早活动吸收水分。

(8)幼树不必搞树干涂白,不要搞树干绑草。树干涂白主要对预防成龄大树树干向阳面和根茎发生日烧性冻伤,而对低龄幼树防抽条没有多大作用。树干绑草,对防抽条无益。

(9)可于初春 3 月搞树下覆盖地膜,从而促进土壤提早解冻。

(10)避免人为造成树体伤害。

此外,可于 2~3 月间,往枝干上喷施防失水剂,如羧甲基纤维素 150 倍液。

4. 搞好抽条树的修剪

视发生抽条的具体情况,适当搞好整形修剪。少量枝条发生抽条时,剪去抽条部分,重新培养骨干枝,树冠大部或全部抽条时,可选择树下部或根茎部发出的新梢,重新培养成树。如果抽条严重,没有再利用价值时,可全株拔掉重新栽植。

图 6-2 土围子防抽条(模拟)

参考文献

1. 曲泽洲.果树栽培学.北京：中国农业出版社，1980.

2. 汪景彦.各类果园管理技术.北京：中国林业出版社，2001.

3. 汪景彦.苹果控冠改形势在必行.北方果树，1998.5

4. 张文和，等.苹果小冠开心形与整形修剪技术.北京：中国农业出版社，2004.

5. 刘威生，等.樱桃设施栽培.北京：中国林业出版社，1998.

跋

作者尊称我为前辈和老领导，让我为他所著的这本书写跋，颇感荣幸。

首先，介绍一下我自己。我出生于 1926 年，今年 83 岁。1950 年毕业于辽北学院农学系，随即投身于果树事业。自此，一生在绥中也是我的家乡——这块土地上，从事果树栽培技术和管理工作。虽然早已退休，但直到 2006 年 80 岁时，才真正彻底在家休养。

其二，介绍一下绥中。绥中，位于辽宁省西南端，山海关外第一县，地处华北（关内）与东北（关外）的咽喉要道。2003 年，航天第一人杨利伟的出名，也使绥中名扬天下。其实，绥中更是水果之乡，数十年来，就因“绥中白梨”而闻名海内外（自 1954 年开始出口东南亚）。也就是说，绥中梨树栽培历史悠久，可溯千年；栽培面积大，是辽宁省梨的主产区，也是全国梨的重点产区。相对梨，苹果栽培历史较短，不足百年，但发展迅速。尤其是因自然条件属于红富士苹果最优势产区，更加促进了苹果栽培的大发展。也因此于 1986 年，被确定为“国家首批苹果商品生产基地县”之一。再者，由于自然条件优越，北方落叶果树应有尽有。1998 年，全县水果总产量达 35 万吨，名列全国水果产量十强县。此外，绥中有源于民国初期的大台山果树农场，有源于中华人民共和国初期兴办的、号称亚洲第二大果园的前所果树农场。

其三，介绍一下高洪岐。我与高洪岐相差近30岁，相会于1981年底。当时，我正主持绥中县果树局的业务工作。之后，10余年间，处于果树事业蓬勃发展的时期，也是从事果树专业的技术人员更替换代之期，随之，高洪岐成为新一代的专业领头人。至于他所做出的业绩，已不用在此赘述，本书已充分展示。

其四，谈一下果树修剪史。梨树原产中国，栽培历史最为悠久。但系统进行整形修剪，却始于中华人民共和国成立之后，至今也不过50余年。其间，梨树修剪大体可分为"清树膛打干枝"、"树体结构改造"、"细致修剪"和"调整大小年结果修剪"以及密植栽培整形剪等过程。树体结构改造时，梨树的树形是"因树修剪，随枝作形"。新栽梨树采用基部三主枝疏散分层树形。1985年以后广泛采取乔化密植栽培，着重提出了初结果期树和新建园密植栽培梨树的整形修剪方法，树形采用纺锤形。

中国的苹果经济栽培主要是从外国引入，初在烟台、辽南，有百多年的历史。苹果栽培的发展和系统地进行整形修剪，也是在中华人民共和国成立之后。到20世纪70年代，苹果修剪发展成为一门学科，乃至形成一些学派；甚至，把修剪看成是一门高深的学问，有"一把剪子定乾坤"之说。在修剪手法上，以截缩为主，基本是"枝枝必问"。后来在西北地区有人提出"矮壮修剪法"。到80年代初，有人开始研究或提出轻剪缓放多留枝。如大连华侨农场搞"大量甩放修剪法"；河南省黄泛区农场提出"省工修剪法"，其特点是基本不截，任枝条自由延伸，只疏大辅养枝和大枝组。中国果树科学研究所汪景彦提出"苹果简化修剪法"，其特点是不同年龄时期采用与之相适应的修剪方法，即幼树至初果期采用轻剪、晚剪和夏剪法，多留枝、多留花芽结果；初果期至盛果期间的过渡期采用过渡期修剪法。主体树形由基部三主枝邻近半圆形发展到纺锤形。

其他核果类果树的修剪研究与实践,晚于和少于苹果与梨。

关于修剪时期,70 年代前除搞环剥环割外,只搞冬剪,不搞夏剪。80 年代,为缓和树势,控制树冠,促进成花,提早结果,大力提倡和推广春季拉枝整形、刻芽,夏季割剥及扭梢摘心等措施。这些目前仍在提倡和应用着,被统称为“夏剪”。随之,又有“四季修剪法”之说。然而,生产实际中,修剪的主要工作量还是在冬季。

在上述果树修剪基础上，高洪岐通过其 20 余年的研究和实践,提出了“伴随生长整形修剪法”,这固然是一个全新的提法。夸张地说，如能得以推广应用，将使果树修剪进入一个新的历史时期。

最后,预祝这本书在今后的果树栽培中,发挥其应有的作用。

耿大秀